Eckard Minx & Rainer Dietrich

AUTONOMES FAHREN

*Wo wir heute stehen
und was noch zu tun ist*

Daimler und
Benz Stiftung

© Daimler und Benz Stiftung
Dr.-Carl-Benz-Platz 2
68526 Ladenburg
info@daimler-benz-stiftung.de

Initiatoren: Eckard Minx, Rainer Dietrich

Herausgeber: Daimler und Benz Stiftung

Verlag: Axel Springer SE, Corporate Solutions
Verlagsleitung: Frank Parlow, Lutz Thalmann
Objektleitung: Christopher Brott
Redaktion: Margaret Heckel
Art-Direktion: Frederick Bren d'Amour

Vertrieb: Piper Verlag GmbH München/Berlin
Druck: Grafisches Centrum Cuno, Calbe (Saale)

Printed in Germany

ISBN 978-3-492-05780-6

Alle Rechte vorbehalten.

www.daimler-benz-stiftung.de

INHALT

Vorwort	07
Einleitung	11
Anmerkungen	176

I. ETHIK & GESCHICHTE 23
Was, wenn der Fahrcomputer sich verselbstständigt? Ethik, Philosophie und Geschichte des autonomen Fahrens

II. MOBILITÄT & VERÄNDERUNG 57
Wann werden wir autonom fahren? Drei Szenarien für den Übergang zum selbstfahrenden Auto

III. STADTENTWICKLUNG & VERKEHR 87
Können autonome Autos den Verkehrskollaps beseitigen? Grün- statt Fahrstreifen und die neue Lust an der Stadt

IV. SICHERHEIT & HAFTUNG 121
Was nehmen Maschinen wahr? Sicherheitskonzepte, Haftungsfragen, Datenschutz und Freigabeprozesse

V. AKZEPTANZ & AUSBLICK 153
Und wie finden Sie das autonome Fahren? Von der Umfrage über die Risikoabschätzung zur Markteinführung

VORWORT

Es ist keine Frage mehr des Ob, sondern des Wie: In nicht allzu ferner Zukunft werden autonome Fahrzeuge unsere Straßen bevölkern. Sämtliche Automobilkonzerne, und nicht nur sie, arbeiten intensiv an dieser Entwicklung. Bereits heute ermöglichen „smarte" Assistenzsysteme das fahrerlose Einparken. Spurassistenten erleichtern die Fahrt auf der Autobahn oder im Stau. Sensoren und Kameras erfassen immer mehr Daten und tauschen sie in Echtzeit mit anderen Fahrzeugen und Leitzentralen aus. Fahren wird so immer sicherer – bis irgendwann der Fahrer selbst vom Fahrroboter ersetzt wird.

Das autonome Fahren ist nach der Erfindung des Automobils die wohl weitreichendste Revolution in der dynamischen Mobilitätsgeschichte des Menschen. Doch auf dem Weg dahin sind noch zahlreiche Fragen zu erörtern. Nicht nur technische, sondern vor allem gesellschaftliche, ethische und politische: Wie entscheidet der Computer in Konfliktsituationen? Was geschieht mit all den Daten, die von den Assistenzsystemen erhoben und gespeichert werden? Dürfen oder müssen wir Regeln aufstellen, die auch grenzüberschreitend gelten? Wer haftet, wenn der Fahrroboter doch mal einen Unfall verursacht oder zumindest daran beteiligt ist? Und schließlich: Wer programmiert diese Computer wie? Und was, wenn sie sich den Menschen als so überlegen erweisen, dass wir selbst womöglich als eine schwer hinnehmbare Gefahr am Steuer anzusehen wären?

Diese gesellschaftlichen Veränderungen sind ebenso bedeutend wie die technologischen. Wir müssen sie so umfassend und so früh wie möglich erkennen und analysieren, um das innovative Potenzial des autonomen Fahrens gefahrlos realisieren zu können.

Um die ethischen, sozialen, juristischen, psychologischen oder verkehrstechnischen Rahmenbedingungen dieses Prozesses auszuleuchten, hat die Daimler und Benz Stiftung Wissenschaftlern aus einschlägigen Fachgebieten ermöglicht, sich in einem Forschungsverbund des Themas anzunehmen. Über rund zwei Jahre haben mehr als dreißig Experten aus der ganzen Welt in einem Projekt gemeinsam den Stand und die Perspektiven des autonomen Fahrens systematisch ermittelt und ausgewertet. Im Frühjahr 2015 stellten sie ihre Ergebnisse in dem Forschungsbericht „Autonomes Fahren" (Springer Vieweg, Heidelberg) vor.

Die Daimler und Benz Stiftung möchte diese Diskussion um die Mobilität der Zukunft zugleich fachlich fundiert wie sprachlich verständlich in die Öffentlichkeit tragen. Sie hat sich deshalb entschlossen, auf Grundlage des Fachbuchs einen weiteren Band für die breite Öffentlichkeit herauszubringen. Sein Ziel ist es, die wissenschaftliche Debatte in den bereits bestehenden Diskurs einzubringen und möglichst vielen Interessierten zugänglich zu machen.

Schon heute fahren Dutzende von autonomen Autos und auch Lastwagen im Testbetrieb auf europäischen und amerikanischen Straßen. Noch aber können sich jenseits eines doch recht engen Experten- und Entwicklerkreises nur wenige der potenziellen Nutzer vorstellen, was diese neue Technik für sie persönlich zu leisten vermag – und was eher nicht. Deshalb war es uns wichtig, neben den theoretischen Überlegungen der Experten anschaulich zu schildern, was auf unseren Straßen möglich ist.

In der weiteren Diskussion treten dabei drei Punkte besonders hervor: ethische Fragestellungen, die Leistungsfähigkeit der maschinellen Wahrnehmung sowie die Veränderungen in der Infrastruktur. Die ethische Debatte ist zweifellos grundlegend, denn ohne sie wird es keine autonome Mobilität geben können. Menschen müssen die Fahrroboter programmieren. Doch wie sie dies tun, das muss zuallererst in einer breiten, umfassenden und auch globalen Diskussion aller Stakeholder entschieden werden. Besonders schwierig sind dabei die so genannten Dilemma-Situationen: Wen schützt der Computer, wenn es zu unabwendbaren Kollisionen kommt? Und welche Konsequenzen ergeben sich daraus für die Straßenverkehrsordnung beziehungsweise die Verkehrsgesetzgebung?

Viele offene Fragen stellen sich des Weiteren in Bezug auf die Leistungsfähigkeit der maschinellen Wahrnehmung. Welche Folgen wären zu erwarten, falls Sensoren, Kameras oder zusammengesetzte Komponenten im Laufe der Zeit an Leistungsfähigkeit einbüßen und weniger zuverlässig würden? Wie definieren wir also den sicheren Zustand einer autonomen Maschine in allen möglichen Situationen? Was muss ein Fahrroboter leisten können?

Wenn Autos irgendwann einmal ohne Menschen selbst fahren können, wird dies in viele Lebensbereiche des Alltags eingreifen. Und deshalb muss die Diskussion darüber heute beginnen und alle Betroffenen und Beteiligten miteinbeziehen.

Fahrcomputer können Älteren ermöglichen, länger mobil zu sein. Was aber, wenn das für Jüngere bedeutet, dass das Büro nun auch ins Auto verlagert wird? Ändern würde sich auch der Parksuchverkehr, er könnte sogar gänzlich verschwinden. Aber werden die Städte dann noch zersiedelter, wenn Staus verschwinden und wir bequem gefahren werden? Die Infrastrukturfragen sind grundsätzlicher Natur und sie werden unsere Innenstädte erheblich verändern und wohl auch die Vorstädte.

Mit dieser Publikation wollen wir im Sinne unseres Stiftungszwecks die notwendige Debatte anregen und bereichern. Es geht uns darum, einen gesellschaftlichen Mehrwert zu schaffen. Mit dieser ersten umfassenden Darstellung der Chancen, aber auch der Herausforderungen des autonomen Fahrens möchten wir allen Interessierten aus der Politik und der Wirtschaft, den Medien und der Wissenschaft sowie der Öffentlichkeit einen Überblick über den Stand der Forschung geben. Dieses Buch soll dazu dienen, eine umfassende und zielführende Diskussion über sämtliche Aspekte des autonomen Fahrens zu führen. Denn es gilt, die Chancen der neuen Technologie zu nutzen – und sich dabei ihren Herausforderungen zu stellen. Nur so werden wir alle davon profitieren.

Prof. Dr. Eckard Minx
Vorsitzender des Vorstands

Prof. Dr. Rainer Dietrich
Mitglied des Vorstands

EINLEITUNG

Wer zur Consumer Electronics Show (CES) nach Las Vegas fährt, will normalerweise die neueste Konsumelektronik sehen. Doch im Januar 2015 waren nicht smarte Armbanduhren und sprechende Kühlschränke die Hauptattraktion, sondern selbstfahrende Autos: Audi ließ einen A7 eigenständig 900 Kilometer von der Stanford University in San Francisco auf die Bühne nach Las Vegas fahren. Mercedes-Benz präsentierte den eigens für die Ausstellung als Weltpremiere gebauten F 015 „Luxury in Motion" mit Brennstoffzelle und Elektromotor. Das Auto ist vollkommen selbstständig: Es kann über Lichtsignale mit der Umgebung kommunizieren, schafft bis zu 200 Kilometer in der Stunde und lässt sich auch mit Gesten steuern. BMW zeigte ein i3-Modell, das autonom einparkte und sich über eine Smartwatch wieder an die Ausfahrt des Parkplatzes bestellen ließ.

Noch handelt es sich bei diesen Autos um Prototypen. Und doch gibt es keinen Autohersteller weltweit, der sich nicht mit Hochdruck um die Entwicklung selbstfahrender Autos kümmert. Hinzu kommen Branchenfremde wie das Internetunternehmen Google, dessen selbstfahrende Autos bereits 1,6 Millionen Kilometer[1] auf US-amerikanischen Straßen hinter sich gebracht haben.

Schon wetteifern Städte, Regionen und Staaten um Pionierprojekte in Sachen autonomes Fahren. Im britischen Milton Keynes wurden Anfang 2015 selbstfahrende Shuttlebusse in Betrieb genommen, die Passagiere vom Bahnhof in die Innenstadt befördern. Im schwedischen Göteborg will Volvo ab 2017 hundert Autos im Rahmen seines „Drive Me"-Projektes verleasen, um Erfahrungen mit selbstfahrenden Autos zu sammeln.

Die Messegesellschaft in Dubai hat eine Studie in Auftrag gegeben, wie die Gäste der Expo 2020 dort möglichst weitgehend in selbstfahrenden Autos und Bussen transportiert werden können. Und in Deutschland hat Bundesverkehrsminister Alexander Dobrindt (CSU) bekannt gegeben, dass ein Stück der Autobahn A9 für den selbstfahrenden Verkehr aufgerüstet werden und damit im wahrsten Sinne des Wortes zur „Datenautobahn" (Dobrindt) werden soll.

Autonomes Fahren hat das Potenzial, unsere Mobilität grundlegend zu verändern. Gerade deshalb muss es in seinen Wirkungen frühzeitig in einer breiten Öffentlichkeit debattiert werden. Viele Fragen müssen geklärt werden.

Da sind zum einen die überragend wichtigen ethischen Fragen: Menschen entscheiden in Notfallsituationen in Zehntelsekunden oft richtig und manchmal leider auch falsch. Maschinen müssen dafür programmiert werden. Wen sollten sie beim drohenden Unfall schützen? Die Insassen? Die Menschen in der Umgebung? Was, wenn eine Entscheidung zwischen einem Kind und einem alten Menschen getroffen werden muss? Es gibt viele dieser Dilemma-Situationen, auf die die anstehende Ethik-Debatte Antworten finden muss.

Fragen der persönlichen Freiheit müssen diskutiert werden: Wie gehen wir mit den Daten um, die im Zuge der weiteren Technisierung des Autos in Hülle und Fülle produziert werden? Wie haften Versicherungen, was liegt in der Verantwortung der Hersteller? Wenn Fahrroboter nachweislich sicherer sind, dürfen Menschen dann überhaupt weiter ans Steuer gelassen werden?

Keineswegs trivial sind auch alle technischen Aspekte, zuvorderst die Leistungsfähigkeit der maschinellen Wahrnehmung. Selbstfahrende Autos sind mit Sensoren, Kameras und weiteren Geräten zur Datenerfassung und Datenverarbeitung ausgestattet. Doch wie alle Maschinen büßen auch diese Geräte im Laufe der Zeit an Leistungsfähigkeit ein. Was, wenn sie ausfallen? Natürlich müssen beim autonomen Auto Redundanzen eingebaut werden, die dann übernehmen. Dennoch bleiben Restunsicherheiten: Können Ausfälle rechtzeitig prognostiziert werden? Was überhaupt ist der „sichere" Zustand einer Maschine?

Ein weites Debattenfeld öffnet sich auch mit der Frage, wie autonome Mobilität unser Fahrverhalten und im Zusammenspiel auch unsere Städte verändern wird. Unter welchen Bedingungen nutzen Menschen die selbstfahrenden Autos, wann fühlen sie sich darin sicher? Lässt sich das oft geäußerte Versprechen einlösen, dass die Kapazität von Straßen und Autobahnen durch Fahrroboter deutlich erhöht wird? Wenn Autos künftig selbst zu Parksilos fahren, kann der so gewonnene Parkraum neu genutzt werden, vielleicht sogar das städtische Umfeld beleben und attraktiver machen? Was bedeutet das alles für die Stadtentwicklung der nächsten Jahrzehnte?

Die Daimler und Benz Stiftung hat Wissenschaftler der verschiedensten Disziplinen gebeten, sich diesen Fragen zu stellen. In dem knapp zweijährigen Projekt „Autonomes Fahren – Villa Ladenburg" ist so ein interdisziplinäres Wissensnetzwerk entstanden, das in dieser Breite und Tiefe seinesgleichen sucht. So war es möglich, alle Facetten des Themas umfassend zu beleuchten. Die Debattenbeiträge der Wissenschaftler wurden 2015 in einem Fachbuch veröffentlicht und sind Grundlage dieses Bandes. Sein Ziel ist es, als Standardwerk alle wichtigen Aspekte des autonomen Fahrens zu beleuchten, die entscheidenden Fragen zu stellen und zu den notwendigen Diskussionen anzuregen.

Dazu ist dieses Buch in fünf Kapitel gegliedert. Ethik, Philosophie und Geschichte des autonomen Fahrens finden sich im ersten Kapitel „Und was, wenn der Fahrcomputer sich verselbstständigt?". Autonomes Fahren stellt die Menschheit vor elementare Fragen: Wie programmieren wir die Maschinen in Dilemma-Situationen? Natürlich müssen auch Menschen am Steuer diese Entscheidung in kritischen Situationen treffen. Sie war bislang und wird auch künftig jedoch immer situativ, mal richtig, mal falsch sein. Dem Computer werden wir diese Varianz nicht zugestehen. Somit beginnt mit der Debatte um „Autonomes Fahren" auch eine ethische Diskussion über unsere Werte.

Anhand einer Reihe von Fallbeispielen und Gedankenexperimenten werden diese Fragen ebenso wie mögliche Lösungsansätze vorgestellt. Ein weiterer Aspekt der notwendigen Debatte wird mit der Geschichte des autonomen Fahrens präsentiert. Das Interesse an fahrerlosen Automobilen wird Anfang des 20. Jahrhunderts in den USA unter anderem durch die hohen Unfallzahlen ausgelöst. Allein in den ersten vier Jahren nach dem Ersten Weltkrieg sind mehr US-Amerikaner bei Autounfällen getötet worden als zuvor im Kriegseinsatz in Frankreich. Technische Neuerungen wie der Autopilot im Flugzeug und die Fernsteuerung führten zum ersten fahrerlosen Mobil, das 1921 vorgestellt wurde. 1925 fuhr dann erstmals ein ferngesteuertes Auto namens „American Wonder" über den Broadway in New York.

Sehr schnell nahm sich Hollywood des Themas an und produzierte eine Reihe von Filmen, die unsere Vorstellungen über autonomes Fahren über Jahrzehnte prägten: Das Spannungsfeld reichte von Disney-Komödien wie „Herbie, The Love Bug" (1968), wo ein VW-Käfer als freundlicher, wenn auch eigensinniger Helfer des Menschen die Hauptrolle hat, bis zur Furcht einflößenden, Menschen gefährdenden Maschine, die der Regisseur Steven Spielberg in seinem allerersten Film „Duell" (1972) geschaffen hat. Dabei handelt es sich um einen Tanklastwagen, der einen Handelsvertreter durch die Berge der kalifornischen Wüste jagt. Zwischen diesen beiden Polen bewegt sich die Darstellung autonomer Autos im Kino und Fernsehen noch heute.

Wie sich das autonome Fahren in der Wirklichkeit entwickeln könnte, ist Thema des zweiten Kapitels „Wann werden wir autonom fahren?". Mithilfe von drei Szenarien werden verschiedene Entwicklungspfade vorgestellt: die Evolution der Fahrerassistenzsysteme durch die etablierte Automobilindustrie, die Revolution der Individualmobilität durch automobilfremde Technologiefirmen und das Zusammenwachsen der Individualmobilität mit der öffentlichen Personenbeförderung.

Es ist wichtig, diese unterschiedlichen Wege zum autonomen Fahren klar zu definieren und zu beschreiben. Denn je nach Szenario unterscheiden sich die Wege bis zum Endzustand autonomes Fahren erheblich. Das bezieht sich auf ihre Wirkung auf die etablierte Automobilindustrie, den Beschäftigungsgrad der Branche und die Auswirkungen auf die Stadtlandschaft, die im nächsten Kapitel beschrieben wird.

Stadtentwicklung, Infrastruktur und Verkehr sind der Inhalt des dritten Kapitels „Können autonome Autos den Verkehrskollaps beseitigen?". Auch hier wird die Szenario-Technik genutzt, um verschiedene

Entwicklungsvarianten zu beschreiben.

Da ist zum einen die regenerative und intelligente Stadt, deren Bewohner nachhaltigen Konsum und verantwortlichen Umgang mit Ressourcen wünschen statt wie früher einen ständigen Zuwachs an ökonomischem Wohlstand. Energie wird dezentral und ökologisch korrekt erzeugt, Mobilität über intelligente Steuerungsmechanismen multimodal ermöglicht.

Alles ist vernetzt, technische Systeme werden für die Steuerung akzeptiert. Vollautonomes Fahren ist in diesem Szenario hoch erwünscht, weil die Autos so von der Straße in Parksilos verschwinden können und städtischen Raum freigeben.

In der hypermobilen Stadt ist der Entwicklungspfad noch stärker darauf ausgerichtet, den kompletten Verkehr zu vernetzen und zu automatisieren. Hier geht es vor allem darum, dass die Nutzer in jeder Situation online sein können, also auch im Auto und in allen anderen Verkehrsmitteln. Das Netzwerk kalkuliert für jeden die optimale Route, Massentaxis ersetzen Busse und bringen die Nutzer zum nächsten Transportmittel für weitere Wege, also beispielsweise zum Zug oder zum Flugzeug.

Umfassende Vernetzung und Optimierung kennzeichnen dieses Szenario, Umweltgesichtspunkte sind nachrangig. Dafür werden Fragen der Datensicherheit bedeutender. Neben stark verdichteten Städten wird auch das Wohnen im Umland wieder attraktiver, weil Pendeln in autonomen Fahrzeugen und optimierten teil- oder vollautomatisierten Transportsystemen wie Massentaxis angenehmer wird.

Als drittes Szenario entsteht die „endlose Stadt", im Prinzip eine Weiterführung der Zersiedelung im Umfeld vieler globaler Megacitys. Hier setzt sich die oben beschriebene Steuerungstechnik nur teilweise oder nur sehr langsam durch, auch bleibt die Verhaltensänderung im Szenario der regenerativen und/oder intelligenten Stadt aus.

Eine der Grundannahmen von autonomem Fahren ist, dass sich die Kapazität der Straßen dadurch erhöht: Im städtischen Verkehr könnte beispielsweise der Park-Such-Verkehr entfallen, wenn selbstfahrende

Autos ihre Nutzer einfach abholen, wieder absetzen und dann entweder den nächsten Nutzer transportieren oder sich selbst zu Parksilos bewegen. Auch Ampelsituationen verändern sich durch autonomes Fahren. Im Fernverkehr hingegen könnten selbstfahrende Autos und Lastkraftwagen zum einen in engeren Abständen fahren, zum anderen mit Staus anders umgehen.

Wie stark vollautomatisierte Systeme das heutige Verkehrsaufkommen in den Innenstädten reduzieren könnten, zeigen Simulationen. So könnte der Bestand an privaten Pkw in Singapur auf ein Drittel reduziert werden, wenn sie vollautomatisch fahren würden – ohne dass die Nutzer in ihrer Mobilität in irgendeiner Form eingeschränkt werden würden. In New York City könnte die Taxiflotte auf 70 Prozent reduziert werden, ebenfalls ohne Komforteinbußen.

Diese Ergebnisse sind auch deshalb so interessant, weil die Megacitys dieser Welt in den nächsten Jahren und Jahrzehnten weiter sehr stark wachsen werden. Bis zum Jahr 2030 werden wohl 60 Prozent der Menschheit in Städten leben. Schon heute stehen sie dort Millionen von Stunden im Stau, der komplette Verkehrskollaps ist absehbar.

Für die USA gibt es dazu konkrete Zahlen: Staus beraubten die Menschen um 5,5 Milliarden Stunden Lebenszeit und reduzierten das Bruttosozialprodukt der USA um immerhin ein Prozent. Bis zum Jahr 2020 wird erwartet, dass sich beide Werte verdoppeln.

Der Einsatz von selbstfahrenden Autos in unseren Städten würde voraussichtlich auch die Fahrzeugtypen verändern. Neben vielen technischen Fragen, die noch gelöst werden müssen, sind Probleme mit Sicherheit, Datenschutz, Haftung und Freigabeprozessen des autonomen Fahrens zentral. Sie sind das Thema von Kapitel IV „Was nehmen Maschinen wahr?".

Die maschinelle Wahrnehmung erfolgt über die im Auto verbauten Sensoren wie Kameras und Radarsensoren im Zusammenspiel mit digitalen Karten und anderen in Echtzeit verfügbaren Informationen, beispielsweise über die Kommunikation zwischen Maschinen. Die Wissenschaftler sprechen dabei von einer „Sensordatenfusion". Doch während Menschen sehr schnell und fehlerfrei visuellen Wahrnehmungen auch semantische Bedeutung zuordnen können, ist dies für die maschinelle Wahrnehmung nach dem heutigen Stand der Technik noch eine vergleichsweise schwierige Aufgabe.

Viele ungelöste Fragen bietet auch die Datenschutzdebatte, die vor allem für den Übergang zum vollautonomen Fahren besonders wichtig ist. Wenn einmal komplett selbstfahrende Autos im Einsatz sind, sind die Persönlichkeitsmerkmale der damit transportierten Menschen eigentlich irrelevant.

Natürlich aber ist diese Übergangszeit eher in Jahrzehnten als Jahren zu messen und so stellt sich die Datenschutz-Diskussion in voller Schärfe. Welche Daten also werden gesammelt, an wen werden sie wie weitergegeben?

Aus Sicht vieler Experten ist es absolut grundlegend, dass alle Beteiligten den Datenschutz ernst nehmen. Sie sehen darin ein potenzielles Alleinstellungsmerkmal für die etablierte Autoindustrie und vor allem für Premium-Hersteller und -Marken: Sie sollten nicht einfach dem Trend der Internetunternehmen folgen und Informationen überallhin fließen lassen, bis man vom Regulator oder empörten Kunden gestoppt wird.

Das gilt auch für Haftungsfragen und bedeutet vor allem eine breite öffentliche Diskussion vor Einführung der Systeme. Denn die für europäische Verhältnisse großen Entschädigungssummen im US-System sind oft auch dem Eindruck von Richtern oder Jurys geschuldet, dass sich Hersteller aus Kostengründen vor umfassenden Sicherheitsmaßnahmen drücken oder nach entstandenem Schaden diesen herunterzuspielen versuchen, statt offensiv nach den Gründen zu suchen.

Weil die Technik des autonomen Fahrens ganz neu ist, ist diese proaktive Vorgehensweise noch wichtiger. Das zeigt auch die Debatte über „Akzeptanz, Risikolandschaften, Markteinführung und Zusammenfassung" in Kapitel V: „Und wie finden Sie das autonome Fahren?".

Kommentare auf Webseiten zeigen, dass die Deutschen keineswegs technikfeindlich sind, wie ihnen oft unterstellt wird. Aber es zeigt sich auch eine Ambivalenz gegenüber selbstfahrenden Autos, die ernst genommen werden muss. Dazu stellen Wissenschaftler Risikokonstellationen zusammen, die den Weg zum autonomen Fahren erschweren. Sie reichen von den Unfallszenarien über Störungen am Verkehrssystem beispielsweise durch Hackerangriffe, unzureichende Investitionen, Umbrüche am Arbeitsmarkt durch wegfallende Jobs bis hin zu Fragen der Zugangsgerechtigkeit, Privatheit und Abhängigkeit von technischen Systemen.

Eine Bewertung dieser unterschiedlichen Risiken zeigt, dass Menschen dann bereit sind, sie einzugehen, wenn der Nutzen erkennbar groß ist. Die Dimension des individuellen Nutzens ist also zentral in der zu führenden Debatte.

Rita Cyganski vom Institut für Verkehrsforschung am Deutschen Zentrum für Luft- und Raumfahrt hat dazu eine repräsentative Online-Befragung ausgewertet, bei der im Juni 2014 tausend Privatpersonen zu ihrem Nutzungsverhalten in Sachen Mobilität befragt wurden.[2] Im Gegensatz zu einer Vielzahl anderer Befragungen wurde hier erstmals spezifisch nach vier Nutzungsmöglichkeiten des autonomen Fahrens gefragt: dem Autobahnpiloten, dem Valet-Parken, dem vollautomatisierten Fahrzeug und dem Vehicle-on-Demand.

Das erwies sich als sehr wichtig, da unterschiedliche Nutzergruppen unterschiedliche Nutzungsideen für das autonome Fahren hatten. Wie viele ihrer Kollegen rät Cyganski deshalb dringend dazu, bei künftigen Studien auf diese unterschiedlichen Nutzergruppen einzugehen.

So konnten sich etwas über 40 Prozent der Befragten grundsätzlich vorstellen, ihr bisheriges bevorzugtes Verkehrsmittel durch ein autonomes Fahrzeug zu ersetzen. Als sie dann aber zu den vier vorgestellten Einsatzmöglichkeiten befragt wurden, nahm diese Bereitschaft in allen Fällen wieder ab.

Am unbeliebtesten war dabei das Vehicle-on-Demand, also ein Fahrzeug, das nicht mehr im Eigenbesitz ist, sondern individuell angefordert werden kann. Im Prinzip ermögliche es die „individuelle, unabhängige Mobilität auch für Personen ohne Führerschein und eigenen

Pkw: Kinder, Alte, Mobilitätseingeschränkte, sensorisch Beeinträchtigte", schreibt Cyganski. Damit ist diese Form des autonomen Fahrens eigentlich die mit dem größten Nutzerversprechen – doch es ist auch die, die noch am weitesten in der Zukunft liegt. Möglicherweise sprengt sie einfach die Vorstellungskraft vieler Befragter.

Am besten schnitt das autonome Fahrzeug mit Autobahnpilot ab: Hier können die Menschen die Fahraufgabe auf langen Überlandstrecken abgeben. Dies ist zum einen vorstellbar, zum anderen ist der Nutzen offensichtlich. Beim Valet-Parken, also einem selbstständig einparkenden Auto, gilt das ebenso: Hier steigt der Fahrer am Zielort aus, das Auto sucht sich dann selbst einen Parkplatz. Insbesondere im städtischen Kontext und bei Transportaufgaben können sich die Befragten die Nutzung vorstellen.

Um die Nutzerwünsche noch besser identifizieren zu können, wurden die Studienteilnehmer danach befragt, was sie heute im Auto und im öffentlichen Verkehr vor allem tun – und was für sie den besonderen Vorteil eines vollautomatisierten Fahrzeugs darstellen würde. Denn die „Möglichkeit, während der Fahrt einer anderen Betätigung nachgehen zu können, zählt zu den hauptsächlichen Eigenschaften des automatisierten Fahrens aus Nutzungssicht", wie Cyganski argumentiert.

Fast alle der befragten Nutzer der öffentlichen Verkehrsmittel schauen sich die Landschaft an, unterhalten sich, hören Musik oder lesen. Nur zwischen sechs und acht Prozent arbeiten „häufig oder immer". Hier zeigen sich ganz deutliche Unterschiede bei den Nutzergruppen: Je mehr jemand verdient, desto stärker seine oder ihre Neigung, im Zug oder Bus zu arbeiten.

Dementsprechend ist die Anzahl derer, die autonomes Fahren dafür schätzen, künftig im Auto arbeiten zu können, relativ gering. Nur ein Viertel nennt das als Vorteil des autonomen Fahrens. Fast 70 Prozent sagen, der besondere Vorteil sei der Genuss der Landschaft, etwas über 60 Prozent, dass sie sich während der Fahrt mit anderen Insassen unterhalten könnten.

Neue Aktivitäten wie Filme sehen, entspannen und schlafen oder seine Kontakte über das Internet zu pflegen, werden ebenfalls nur in eher geringem Umfang als Vorteile des autonomen Fahrens gesehen.

Es gilt also, sowohl die unterschiedlichen Ausprägungen des autonomen Fahrens als auch die unterschiedlichen Nutzungsmöglichkeiten für unterschiedliche Gruppen künftig stärker in den Fokus zu rücken.

Umfrage: Was bringt mir persönlich der Fahrroboter?

Antwort: Der besondere Vorteil eines vollautomatisierten Fahrzeugs ist, dass ich während der Fahrt …

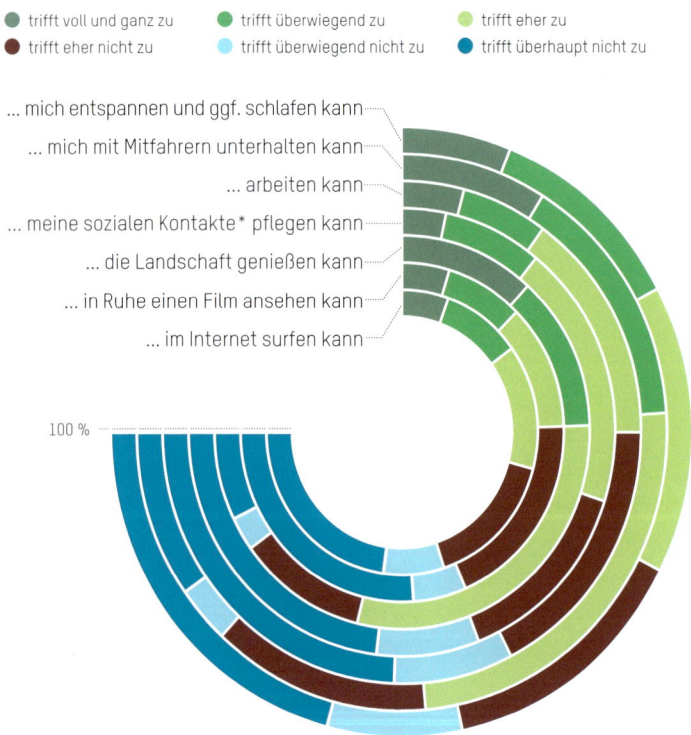

* über soziale Medien, SMS, E-Mail und Telefon

Von Seiten der Industrie kommt ein weiteres Argument hinzu: Autonomes Fahren wird als deutlich sicherer eingestuft. „Derzeit sind etwa 90 Prozent aller Verkehrsunfälle durch menschliches Fehlverhalten bestimmt, nur zehn Prozent durch technische Fehler", zitiert die „Automobilwoche" Allianz-Vorstand Alexander Vollert[3]. Chris Urmson[4], der die Entwicklung der autonomen Fahrzeuge beim Internetkonzern Google leitet, sagte kürzlich, dass noch immer weltweit 1,2 Millionen Menschen pro Jahr bei Verkehrsunfällen sterben. Allein in den USA seien es 33 000 (zum Vergleich in Deutschland: rund 3000). Das sei so, als wenn eine Boeing 737 „jeden Arbeitstag vom Himmel stürzt".

Auch für den Zeitgewinn, der durch autonomes Fahren möglich wird, hat Urmson drastische Vergleiche parat: Weltweit würden die Menschen pro Tag sechs Milliarden Minuten mit Pendeln zubringen. Wenn man das durch ihre persönliche Lebenserwartung teilen würde, zeige sich, „dass jeden Tag 162 Menschenleben nur damit vergeudet werden, von A nach B zu kommen".

Als stärkstes Motiv für das autonome Fahren nennt der Roboterexperte aber ein persönliches: In Amerika ist Fahren ab 16 erlaubt und sein Sohn sei jetzt elfeinhalb Jahre alt. In viereinhalb Jahren könne er also den Führerschein machen: „Mein Team und ich sind wildentschlossen, alles dafür zu tun, dass das nicht passieren wird."

Tatsächlich hat Google im Frühsommer 2015 angekündigt, hundert selbstfahrende Autos für einen Großversuch zu bauen. Der Elektroauto-Pionier Tesla will seine Autos nach und nach mit immer mehr Assistenzsystemen für autonomes Fahren ausstatten. Welt Online[5] zitiert dazu den Continental-Manager Ralf Lenninger: „Automatisiertes Fahren steckt zwar noch in den Kinderschuhen, wird jedoch unserer Einschätzung nach sehr zügig den Weg in die Serie finden."

Auch die großen Automobilkonzerne arbeiten allesamt mit Hochdruck an der Entwicklung. Zwar unterscheiden sie sich in ihren Zeitschätzungen für die Einführung des autonomen Fahrens, doch an der Einführung selbst zweifelt keiner. Für die Fragen, die bis dahin noch zu lösen sind, soll der vorliegende Band ein zentraler Wegbegleiter sein.

KAPITEL I

ETHIK & GESCHICHTE

Was, wenn der Fahrcomputer sich verselbstständigt?

Ethik, Philosophie & Geschichte des autonomen Fahrens

Fünf Minuten dauert die Fahrt, meldet der Bordcomputer. Kein Stau weit und breit, es ist noch früh am Nachmittag. Ausnahmsweise gibt es keine Baustellen auf Ihrem Weg durch die Innenstadt. Sogar die Sonne kommt hinter den Wolken vor. Für einen winzigen Moment sind Sie geblendet. Als Sie wieder freie Sicht haben, sind da plötzlich zwei Personen vor Ihnen auf der Straße: ein junges, vielleicht achtjähriges Mädchen links in Ihrem Blickfeld und eine ältere Dame, die von rechts kommt.

Was würden Sie tun? Vollbremsen? Nach links ausweichen? Das Steuer nach rechts ziehen? Außer sehr trainierten, professionellen Testfahrern wäre unsere Reaktion wohl instinktiv, ohne überhaupt bewusst darüber nachzudenken. Erst hinterher beim Betrachten des Schadens würden wir realisieren, was da so genau passiert ist.

Was aber, wenn wir künftig von autonomen Fahrzeugen gefahren werden? Wie soll der Computer für solche unvorhergesehenen Kollisionsfälle programmiert werden?

Die Sensoren erkennen sowohl das achtjährige Mädchen als auch die achtzigjährige Großmutter. Die Geschwindigkeit des Autos ist so hoch, dass bei einem möglichen Ausweichmanöver eine von beiden sicher getötet wird. Auch wenn ein solches Szenario extrem selten sein dürfte: Wen soll der Computer retten?

Das kleine Mädchen, weil es sein ganzes Leben noch vor sich hat? Die erste Liebe, eine eigene Familie, eine Berufslaufbahn und welche Erfahrungen auch immer ein Leben so birgt? Aber jedes Leben ist gleich wertvoll, und das gilt ebenso für die Großmutter. Stimmt, doch das Kind ist im moralischen Sinn unschuldig, unschuldiger zumindest als jeder Erwachsene. Und wäre es nicht denkbar, dass die Großmutter sich selbst opfern würde – für das Kind, das am Anfang seines Leben steht?

Was auf den ersten Blick plausibel scheinen mag, ist moralisch nicht haltbar. Das zeigen die Ethik-Regeln von betroffenen Berufsorganisationen wie des US-amerikanischen „Institute of Electrical and Electronics Engineers" (IEEE) mit über 430 000 Mitgliedern. Sie legen dar, dass alle Menschen gleich behandelt werden müssten und jegliche Diskriminierung aufgrund von Rasse, Religion, Geschlecht, Alter und anderen Merkmalen nicht zulässig sei. Das deutsche Grundgesetz formuliert ähnlich: „Niemand darf wegen seines Geschlechtes, seiner Abstammung, seiner Rasse, seiner Sprache, seiner Heimat und Herkunft, seines Glaubens, seiner religiösen oder politischen Anschauungen benachteiligt oder bevorzugt werden. Niemand darf wegen seiner Behinderung benachteiligt werden", heißt es in Artikel 3 Absatz 3.

Patrick Lin, der Direktor der Ethics + Emerging Sciences Group an der California Polytechnic State University, beschäftigt sich seit längerem mit diesen Fragen.[6] Er rät intensiv zu einer groß angelegten gesellschaftlichen Auseinandersetzung darüber, nach welchen Kriterien Roboterautos für solche Situationen programmiert werden sollten.

Auch in der deutschen Öffentlichkeit nimmt das Thema Fahrt auf. „Wen tötet das Roboter-Auto?", hat die Redakteurin Lena Schipper beispielsweise ihr Stück[7] überschrieben, mit dem die Frankfurter Allgemeine Sonntagszeitung (FAS) Anfang Februar 2015 ihren Wirtschaftsteil aufmachte. Noch weiter geht die Wirtschaftswoche in ihrer Serie „Wirtschaftswelten 2025"[8]: „Werden uns Roboter töten?", wird dort gefragt. Derartige Schlagzeilen zeigen, wie recht Patrick Lin mit seiner Forderung einer breiten öffentlichen Diskussion hat. Denn die Roboter tun nur das, wofür sie Menschen vorher programmiert haben.

„In dem Moment, in dem ich in ein selbstfahrendes Auto steige, gebe ich einen Teil meiner ethischen Verantwortung als Mensch an einen Algorithmus ab", wird der Philosoph und Ingenieur Jason Millar von der University Carleton in Kanada von der FAS[9] zitiert. Er hält das für einen schweren Eingriff in die Persönlichkeit, weil „die meisten Menschen diese Verantwortung als bedeutenden Teil ihrer Humanität empfinden" würden. Für Millar läuft die Diskussion darüber auf zwei Fragen hinaus: „Sind wir bereit, den Autonomieverlust in Kauf zu nehmen, etwa weil wir glauben, dass die Technik das Potenzial hat, viele Menschenleben zu retten? Und wenn ja, unter welchen Bedingungen?"

Ein „Ethik-Setting" entwickeln

Es gehe also darum, ein „Ethik-Setting" zu entwickeln, sagt Cathrin Misselhorn. Die Expertin für Roboterethik und Direktorin des Instituts für Philosophie an der Universität Stuttgart empfiehlt dazu, „mit den Methoden der experimentellen Philosophie zu ermitteln, welche Werte Autofahrern, Fußgängern und unbeteiligten Mitgliedern der Gesellschaft am meisten am Herzen liegen, und so zu einem Konsens zu gelangen".[10] Das Ergebnis „könnte dann die Grundlage einer Gesetzgebung für selbstfahrende Autos bilden, die auch den damit verbundenen neuen moralischen Problemen gerecht wird", schreibt die FAS.

Für Patrick Lin beginnt die Diskussion um die relevanten Fälle für ein derartiges „Ethik-Setting" mit einem nachvollziehbaren Einwand: Würde ein selbstfahrendes Auto das Dilemma zwischen Kind und Oma nicht einfach damit lösen, dass es bremst – und zwar schneller und härter, als es ein Mensch je könnte? Oder indem es die Kontrolle einfach wieder an den Fahrer zurückgibt, der dann die Entscheidung treffen muss?

Diese Einwände seien plausibel, sagt der Direktor der Ethics + Emerging Sciences Group. Aber es gebe schon heute genügend Situationen, in denen eine Vollbremsung keine gute Lösung sei, beispielsweise bei nasser Straße oder Folgeverkehr. Und Simulationsexperimente würden zeigen, dass menschliche Fahrer bis zu 40 Sekunden bräuchten, um nach autonomer Fahrt wieder die Kontrolle über ihr Fahrzeug zu erlangen – deutlich zu viel Zeit für eine adäquate Reaktion in den meisten Unfallsituationen.

Lin argumentiert deshalb dafür, zusätzlich zu Strategien zur Vermeidung von Unfällen auch Strategien zur „Optimierung von Unfällen" in Betrachtung zu ziehen: „Unfälle zu optimieren bedeutet den Handlungspfad zu wählen, der zum geringsten Schaden für alle führt. Das kann dann auch die Wahl zwischen zwei Übeln bedeuten, also sich beispielsweise für die Kollision mit dem achtjährigen Kind oder der 80-jährigen Großmutter zu entscheiden."

Was, wenn die Optimierungsstrategie vorsieht, vor allem die Insassen des autonom fahrenden Autos zu schützen? Dann müsste der Algorithmus so programmiert werden, dass das Auto mit dem leichtesten Objekt kollidiert, um den Schaden so gering wie möglich zu halten. Das aber wäre das kleine Mädchen, nicht die Großmutter.

Spielen wir das Ganze beispielhaft mit zwei Autos durch, einem Kleinwagen und einem deutlich schwereren Auto, beispielsweise einem SUV (Sport Utility Vehicle, oft auch Geländewagen genannt). Wenn die Insassen des autonomen Autos geschützt werden sollen, macht es Sinn, so auszuweichen, dass der Kleinwagen als leichteres Objekt gerammt wird.

Sieht das „Ethik-Setting" aber vor, dass nicht die Insassen des autonomen Wagens, sondern die anderen Verkehrsteilnehmer vorrangig geschützt werden sollen, dreht sich nun die Entscheidung um: Dann wäre der Fahrroboter so zu programmieren, dass er in das schwerere und dadurch auch besser geschützte Auto knallt.

Doch wäre das akzeptabel? Würde dann nicht der Besitzer eines besonders sicheren Autos dafür diskriminiert, dass er viel Geld in Sicherheit investiert hat? Eine weitere Dilemma-Situation bringt das auf den Punkt: Wieder ist der Unfall unausweichlich und der Fahrroboter muss sich entscheiden, entweder in einen Motorradfahrer ohne Helm oder in einen mit Helm zu krachen. Ist er darauf programmiert, die Verkehrsteilnehmer zu schützen, muss der Algorithmus auf den Motorradfahrer mit Helm zielen: Nur er hat eine, wenn auch geringe Chance, zu überleben. Denn der Motorradfahrer ohne Helm wäre bei einer derartigen Kollision hundertprozentig tot.

Das aber widerspricht wohl allen Instinkten, die wir so haben. „Motorradfahrer mit Helm würden bestraft und diskriminiert für ihre verantwortungsbewusste Entscheidung, einen Helm zu tragen", schreibt Lin. Vielleicht würde eine derartige Programmierung sogar dazu führen, dass vorher verantwortungsbewusste Helmträger ihren Kopfschutz zu Hause ließen, wenn es irgendwann autonome Autos auf den Straßen gäbe. Oder dass besonders sichere Autohersteller vom Markt für ihr Sicherheitsbewusstsein bestraft würden.

Noch schwieriger wird es bei Gedankenexperimenten, in denen andere Leben nur durch das Opfern des eigenen Lebens gerettet werden können. Diese Beispiele sind, wie der Begriff „Gedankenexperiment" schon andeutet, im höchsten Grad unwahrscheinlich. Dennoch sind sie hilfreich beim Austesten verschiedener philosophischer Prinzipien und ethischer Handlungsmaximen.

Heiligt der Zweck die Mittel?

Eine davon ist der so genannte Konsequentialismus, ein „Sammelbegriff für Theorien aus dem Bereich Ethik, die den moralischen Wert einer Handlung aufgrund ihrer Konsequenzen beurteilen" (Wikipedia). Im Alltagsleben fällt dann oft der Sinnspruch vom Zweck, der die Mittel heiligt. Für das Gedankenexperiment kann das auch so formuliert werden, dass der Schaden minimiert werden soll.

Hier also die Situation: Sie werden in Ihrem selbstfahrenden Auto eine wunderschöne Küstenstraße entlanggefahren. Eng, steil, aber mit grandiosen Blicken über das blitzblaue Meer. Da schießt hinter der nächsten Kurve ein Schulbus mit 28 Kindern ums Eck. Er befindet sich schon teilweise auf Ihrer Fahrspur. Der Fahrroboter rechnet in Millisekunden aus, dass ein Unfall nicht mehr zu vermeiden ist und Sie sicher verletzt werden. Wie soll er in dieser Situation reagieren?

Der Computer hat zwei Möglichkeiten: eine Vollbremsung mit anschließender Kollision mit dem Bus – oder aber ausweichen. Letzteres würde bedeuten, dass das Auto samt Insasse vom Kliff stürzt, sehr wahrscheinlich mit tödlichem Ende.

Wenn es nur darum geht, den potenziellen Schaden zu minimieren, muss der Fahrroboter in diesem Fall seinen Insassen zu Tode stürzen: Ein Toter gegen 30 potenzielle Tote im Bus. Selbst wenn man davon ausgeht, dass nur einer von zehn Businsassen stirbt, bleibt die Kalkulation offensichtlich.

Was nun, wenn statt des Busses ein Personenwagen mit sechs Fahrgästen ums Eck schießt? Gehen wir weiter davon aus, dass das Todesrisiko im Personenwagen wie im Bus bei 1:10 liegt. Dann wären in diesem hypothetischen Fall 0,6 Tote im Personenwagen zu beklagen, gegen einen Toten im selbstfahrenden Wagen. Der Fahrcomputer würde also bremsen, aber auf der Fahrbahn bleiben und die Kollision riskieren.

Ein abstruses Beispiel, keine Frage: Aber es zeigt, welche Probleme eine logische Position wie die, den Schaden zu minimieren und den Nutzen zu maximieren, in diesem ethischen Dilemma machen kann.

Ein anderes akzeptiertes Handlungsprinzip ist es, Schaden von sich abzuwenden, wann immer möglich. Dies gilt umso mehr, wenn der Betroffene für andere sorgt, also beispielsweise eine Familie hat. Auf autonome Autos übertragen bedeutet das, einen Unfall zu vermeiden, wenn das durch eine Vollbremsung oder ein Ausweichmanöver möglich ist.

Klingt völlig logisch, oder? Nehmen wir also folgende Situation: Ihr selbstfahrendes Auto wartet an einer Kreuzung darauf, dass die Schulkinder auf dem Zebrastreifen die Straße überqueren. Plötzlich kommt ein Lastwagen von hinten mit einer derartigen Geschwindigkeit an, dass er Ihnen reinfahren würde. Wahrscheinlich gäbe es Blechschäden, aber Sie würden die Kollision ziemlich sicher überleben. Da Ihr Fahrroboter aber in Millisekunden reagieren kann, hat er auch die Möglichkeit, rechtzeitig nach rechts über die Kreuzung auszuweichen.

Sie wären aus der Gefahrenzone, nicht aber die Kinder: Zumindest einige von ihnen würden sehr wahrscheinlich von dem viel zu schnellen

Lastwagen getötet, der nicht mehr rechtzeitig abbremsen kann – und auch nicht mehr von Ihrem Wagen als Hindernis abgebremst wird.

Auch wenn eine derartige Situation absolut ungewöhnlich ist und im echten Leben höchst selten vorkommt, müssen in einem Zeitalter der selbstfahrenden Autos dafür Antworten gefunden werden. Denn niemand kann sich dann mehr damit herausreden, dass die jeweilige Entscheidung instinktgetrieben und damit affektiv war.

Mit „No-Win"-Situationen umgehen

Wer auch immer Fahrroboter für einen derartigen Fall programmiert, wird seine Entscheidung rechtfertigen müssen. Und es kann gut sein, dass es sich dabei um ein „No-Win"-Szenario handelt: Egal, wofür sich der Algorithmus entscheidet, ist es falsch. Patrick Lin rät für diese Fälle, die Nutzer und die Gesellschaft insgesamt „darüber aufzuklären, dass sie zum Opfer werden können, egal ob sie in einem Roboterauto sitzen oder nicht, und dass das aus übergeordneten gesellschaftlichen Gründen gerechtfertigt sein kann".

Dies leitet direkt über zu einem der bekanntesten Gedankenexperimente überhaupt, dem so genannten „Trolley-Problem". Eine Straßenbahn ist außer Kontrolle geraten und droht fünf Menschen zu überrollen, die auf den Gleisen stehen und die heranrauschende Bahn nicht hören und sehen. Sie aber stehen direkt an der Weiche und könnten die Straßenbahn noch umleiten und die fünf Menschen retten. Dann aber erwischt es eine Person, die auf diesem Gleis steht. Was machen Sie?

Anhänger der Nutzenmaximierung argumentieren, es mache mehr Sinn, die fünf Menschen zu retten und dafür eine Person zu opfern. Also wäre es in Ordnung, wenn Sie die Weiche umstellen.

Ethisch genauso legitim aber ist die gegenteilige Position: Wer aktiv handelt und die Weiche umstellt, macht sich der Tötung eines Menschen schuldig. Bleibt er hingegen passiv, nimmt er „lediglich" die mögliche Tötung von fünf Menschen billigend in Kauf. Nicht nur juristisch ist dies ein großer Unterschied. Auf Fahrroboter angewendet, könnte sich das Trolley-Problem laut Patrick Lin so darstellen: Sie fahren Ihr autonomes Auto selbst, sind aber abgelenkt und bemerken die fünf Menschen nicht, in die Sie gleich hineinrasen. Ihr Assistenzsystem hingegen arbeitet ganz normal und realisiert das Hindernis. Der Fahrroboter übernimmt und weicht den fünf Menschen aus. Die Gruppe wird gerettet. Doch die neue Route ist auch problematisch: Hier steht ein Mensch im Weg – und ihn erwischt es.

Das Kind oder ich – das Tunnel-Problem

Stellen Sie sich vor, Ihr Fahrroboter ist auf einer schmalen Straße unterwegs, die in einen Tunnel führt. Kurz vor der Einfahrt taumelt ein Kind auf die Straße. Bremsen ist unmöglich. Das Auto überrollt entweder das Kind und tötet es – oder es weicht aus und Sie als Insasse werden durch die Kollision mit der Tunnelwand getötet.

Der Philosoph Jason Millar hat sich diese Variante des Trolley-Problems ausgedacht und an 138 Probanden getestet. Zuerst wollte er wissen, wer die Entscheidung treffen soll: Fahrer, Computer/Programmierer oder eventuell der Gesetzgeber? Interessanterweise wollten nur 46 Prozent der Befragten selbst die Verantwortung übernehmen und den Fahrer entscheiden lassen. 12 Prozent sprachen sich für den Computer/Programmierer aus und immerhin 31 Prozent forderten ein Gesetz, das solche Dilemmata löst.

Millar hat letzteres sehr überrascht: „Viele sagten, sie wollten, dass ein Verhaltenskodex für solche Fälle entwickelt wird, damit sie wüssten, was sie in solchen Situationen zu erwarten haben. Andere fühlten sich einfach überfordert mit der Situation und wollten deshalb, dass jemand anders entscheidet. Und wie würde sich die knappe Hälfte der Befragten verhalten, die sagte, dass der menschliche Fahrer die Entscheidung treffen soll? Zwei von dreien würden das Kind töten statt sich selbst." [11]

Wie im klassischen Trolley-Problem ist die ethische Diskussion schwierig. Nun kommt aber noch das Haftungsproblem hinzu: Wenn der Fahrroboter sich nicht einschalten würde, wäre möglicherweise weder der Computer noch der ihn programmierende Autohersteller dafür haftbar, dass fünf Menschen sterben. Der Computer würde „lediglich hinnehmen", dass bei der Fahrt Menschen zu Tode kommen. Schaltet sich der Computer aber aktiv ein und rettet so die fünf Menschenleben, heißt das gleichzeitig auch, dass der Fahrroboter und/oder der Autohersteller für den Tod eines Menschen aktiv verantwortlich sind.

Für den Direktor der Ethics + Emerging Sciences Group Patrick Lin geht es bei dieser Fallkonstellation nicht so sehr um die „richtige" Strategie, sondern um die Argumentationskette, mit der man dorthin gelangt: „Wie gut eine Antwort verteidigt werden kann, ist entscheidend für ihre Durchsetzung." Er ist davon überzeugt, dass die Hersteller frühzeitig ihre Handlungsweisen mit der Öffentlichkeit diskutieren und erklären müssen – insbesondere dann, wenn es bei den Algorithmen um Leben und Tod geht. „Transparenz" sei ein „wichtiger Teil der Ethik-Debatte" – und das bedeutet sowohl eine Diskussion der Handlungsstrategien als auch die Offenlegung der Mathematik hinter den Algorithmen.

Für Lin ist das so wichtig, weil er die Erwartungshaltung der Nutzer und der Öffentlichkeit für entscheidend hält. Keiner dürfe negativ von dem überrascht werden, was alles passieren kann: „Die Erwartungshaltung ist wichtig für Marktakzeptanz und Marktdurchdringung."

Deshalb müssten auch sehr seltene und auf den ersten Blick vielleicht abstruse Fallkonstellationen öffentlich diskutiert werden. Und wichtig sei auch die klare Ansage der Hersteller, nicht allen Erwartungen so entsprechen zu können, dass jeder zufrieden sein werde. Aber es sei unabdingbar, dass darüber mit maximaler Transparenz debattiert werde. Vielleicht müssten manche Hersteller im Prozess zugeben, dass sie auf manche Dilemmata keine Antwort oder vielleicht sogar je nach Hersteller sich widersprechende Antworten haben.

Das aber sei bei derart umwälzender Technologie nicht ungewöhnlich: „Autonome Autos versprechen großen Nutzen und unerwartete Effekte, die schwierig vorherzusagen sind." Dennoch sollten größere Verwerfungen und Gefahren so weit wie möglich antizipiert und vermieden werden. Das sei die Funktion von Ethik in der Innovationspolitik. Sich nicht darum zu kümmern, sei außerordentlich gefährlich: „Ohne Ethik fahren wir mit einem geschlossenen Auge," schreibt Patrick Lin.

Die bekannteste Regel-Ethik für Computer sind die Asimov-Gesetze. Formuliert wurden sie von dem Science-Fiction-Autor Isaac Asimov.

Asimov-Gesetze

01. Ein Roboter darf kein menschliches Wesen verletzen oder durch Untätigkeit gestatten, dass einem menschlichen Wesen (wissentlich) Schaden zugefügt wird.

02. Ein Roboter muss den ihm von einem Menschen gegebenen Befehlen gehorchen – es sei denn, ein solcher Befehl würde mit Regel eins kollidieren.

03. Ein Roboter muss seine Existenz beschützen, solange dieser Schutz nicht mit Regel eins oder zwei kollidiert.

Isaac Asimov (1919–1992)
war ein russisch-amerikanischer Biochemiker und einer der bekanntesten Science-Fiction-Schriftsteller seiner Zeit.

Ausgehend von den Asimov-Gesetzen versuchen der Stanford-Professor J. Christian Gerdes und seine Kollegin Sarah M. Thornton zu Regeln für Fahrcomputer zu kommen. Sie halten den im ersten Gesetz formulierten Schutz des Lebens für einen guten ersten Schritt: „Bei der Entwicklung und dem Einsatz selbstfahrender Autos ist die Möglichkeit, Unfälle und Todesfälle zu reduzieren, eine wichtige Motivation", schreiben die beiden.[12]

Wie aber soll ein Computer wissen, was „Schaden" oder „Verletzung" in diesem Fall überhaupt bedeutet? Gerdes und Thornton schlagen stattdessen vor, dass es möglicherweise ausreicht, dem Computer als Regel mitzugeben, dass Kollisionen auf jeden Fall zu vermeiden sind. Würde die Verantwortung der Maschine darauf beschränkt, Zusammenstöße zu vermeiden, wird aus Sicht der beiden auch die oben geführte Diskussion überflüssig, ob ein Fahrroboter seinen Insassen „opfern" müsse, wenn nur so andere Leben gerettet werden könnten. Die „ethische Verantwortung" der Maschine wäre dann darauf gerichtet, keine Kollision zuzulassen anstatt Schaden zu vermeiden.

Das Gebot, Zusammenstöße zu vermeiden, könnte dann auch noch priorisiert werden – beispielsweise indem Zusammenstöße mit Radfahrern und Fußgängern immer und auf jeden Fall vermieden werden müssen. In einem weiteren Schritt würden dann auch Kollisionen mit anderen Autos oder unbelebten Objekten verboten werden. In Notfallsituationen könnte diese Regel dann aber aufgehoben werden.

Gerdes und Thornton sind sich bewusst, dass diese Regel-Ethik nicht danach fragt, wie der größte Nutzen beziehungsweise der geringste Schaden entsteht. Sie gehen aber davon aus, dass autonomes Fahren per se schon sehr sicher ist und deshalb deutlich weniger Unfälle stattfinden werden. Deshalb überlegen sie, ob der Öffentlichkeit zugemutet werden kann, dass es bei Anwendung ihrer Regel-Ethik zwar zu einigen „suboptimalen Ergebnissen" kommen kann. Dafür aber gebe es klare Regeln in Bezug auf Kollisionen, die darauf ausgerichtet sind, das Leben der „am meisten gefährdeten Verkehrsteilnehmer" zu schützen.

Als Resultat formulierten die beiden die folgenden drei Regeln für autonome Fahrzeuge auf Basis der Asimov-Gesetze:

01. *Ein selbstfahrendes Auto darf nicht mit einem Fußgänger oder einem Radfahrer zusammenstoßen.*
02. *Ein selbstfahrendes Auto darf nicht mit einem anderen Auto zusammenstoßen – es sei denn, ein solches Verbot würde mit Regel eins kollidieren.*
03. *Ein selbstfahrendes Auto darf nicht mit einem anderen Objekt in der Umgebung zusammenstoßen – es sei denn, ein solches Verbot würde mit Regel eins und zwei kollidieren.*

Um diese Regeln beim Programmieren von Fahrrobotern umsetzen zu können, würde es genügen, mögliche Kollisionsobjekte zu kategorisieren. Auf gar keinen Fall also darf es zu Zusammenstößen mit Fußgängern und Radfahrern kommen. Zu Kollisionen mit anderen Autos darf es nur kommen, wenn dadurch ein Zusammenstoß mit Fußgängern und Radfahrern vermieden werden kann. Und andere Objekte dürfen nur dann beschädigt werden, wenn das der einzige Weg ist, Kollisionen mit Fußgängern, Radfahrern oder anderen Autos zu vermeiden.

Diese Abstufungen seien mit der vorhandenen Technik jetzt schon zu programmieren, auch wenn manche Objekte von den Sensoren nicht immer richtig erkannt würden. Eine ausführliche Diskussion darüber, was „Schaden zufügen" in diesem Kontext bedeuten würde, könnte so vermieden werden.

Selbstverständlich muss ein Fahrroboter die jeweiligen Verkehrsregeln beachten. Die oben entwickelte Regel-Ethik könnte also um das folgende Gebot erweitert werden:

04. Ein selbstfahrendes Auto muss die Verkehrsregeln beachten – es sei denn, ein solcher Befehl würde mit den ersten drei Regeln kollidieren.

Anders formuliert würde der Fahrroboter also nur dann die jeweiligen Verkehrsregeln brechen, wenn er ansonsten bevorstehende Zusammenstöße nicht verhindern kann. Das dürfte eine Regel sein, die höchstwahrscheinlich in der Öffentlichkeit akzeptiert würde.

Welche Regel darf gebrochen werden?

Das Problem dabei ist, dass Menschen eben diese Verkehrsregeln auch nicht immer einhalten. Und das ist dann für Fahrroboter extrem verwirrend: Während menschliche Autofahrer beispielsweise das Stop-Zeichen an Kreuzungen so interpretieren, dass sie leicht bremsen und dann in verminderter Geschwindigkeit über die weiße Linie rollen und bei freier Kreuzung weiterfahren, blieben die Google-Autos brav vor dem weißen Strich stehen. Und zwar oft minutenlang, bis wirklich kein anderes Auto mehr in Sicht war – auch wenn die Kreuzung eigentlich frei gewesen wäre und jeder menschliche Fahrer sie überquert hätte.

Als ebenso impraktikabel erwies sich die Regel, dass Fahrroboter immer exakt die Geschwindigkeit einhalten müssen. Menschliche Fahrer reagieren manchmal sehr sauer, wenn andere bei freier Straße mit 30 Stundenkilometern durch die Gegend zuckeln. Nicht selten löst das aggressive Reaktionen aus, die dann die Verkehrssituation gefährden. Deshalb hat Google seine Autos inzwischen so programmiert, dass sie das Geschwindigkeitslimit auch mal um bis zu zehn Meilen pro Stunde[13] (16 km/h) und damit minimal übertreten dürfen, wenn das die Fahrsicherheit erhöht.

Noch völlig ungeklärt ist auch die Frage, wann und ob der Mensch im Fahrroboter wieder die Kontrolle übernimmt. Gerdes und Thornton schreiben, dass es in allen derzeit in Erprobung befindlichen selbstfahrenden Automobilen einen „großen roten Notknopf" gibt, mit dem der Mensch den Fahrroboter lahmlegen kann und wieder selbst fährt.

Was aber, wenn der Mensch die Kontrolle übernimmt und in der Folge einen Unfall auslöst, den der Computer verhindert hätte? Eine derartige Situation wird noch verzwickter, wenn man die unterschiedlichen kognitiven Fähigkeiten von Mensch und Maschine in Betracht zieht. Der Fahrroboter hat einen 360-Grad-Rundumblick und „sieht" Dinge, die der Mensch einfach nicht sehen kann. Der Mensch aber hat den Vorteil seiner Erfahrung und dass er ähnliche kritische Situationen bereits mehrfach erlebt hat und deshalb gelernt hat, richtig zu reagieren. Wer also hat „das letzte Wort"?

In einer regelbasierten Ethik muss diese Entscheidung nach Ansicht von Gerdes und Thornton getroffen werden. Bei Flugzeugen gibt es beispielsweise bereits Hersteller wie Airbus, die bei manchen Autopilot-Systemen dem Roboter erlauben, in Notsituationen Entscheidungen gegen den Piloten zu treffen.[14]

Auch das allerdings geht manchmal schief: So wurde kürzlich bekannt, dass der Bordcomputer eines Airbus A321 bei einem Lufthansa-Flug von München nach Bilbao aufgrund von vereisten und deshalb nicht korrekt funktionierenden Sensoren die Maschine in den abrupten Sinkflug geschickt hat.

Sie stürzte mit 1000 Metern pro Minute in die Tiefe. Die Piloten konnten den Absturz durch eigene Steuerimpulse nicht stoppen, wie „Spiegel Online" berichtete.[15] Nur weil der Kapitän die Systemarchitektur der Computerprogrammierung kannte, gelang es ihm schließlich, seinerseits den Autopiloten zu übersteuern und die Maschine wieder unter Kontrolle zu bekommen. „Weniger geschulte Piloten wären auf diese Idee vermutlich nicht gekommen", zitiert das Magazin den Informatiker Peter Ladkin von der Universität Bielefeld.

Wer also hat das letzte Wort? Oder sollen die Systeme so angelegt werden, dass der menschliche Fahrer und der Fahrroboter sich gegenseitig im Notfall übersteuern können?

Der IT-Professor Alexander Hars hält es für unmöglich, dass menschliche Fahrer im Notfall schnell genug reagieren können. Die einzige Möglichkeit sei, dass der Computer den Menschen im Notfall alarmiert und dann die Kontrolle übergibt. „Menschliche Gehirne sind für Überwachungstätigkeiten nicht geeignet. Hinzu kommt, dass die Kontrolle eines Autos bei schnellen Geschwindigkeiten oder im Stadtverkehr sich fundamental von der Situation in einem Flugzeug auf Autopilot unterscheidet", schreibt er.[16]

Piloten seien in vielen hundert Übungsstunden darauf trainiert, das Autopilot-System ständig zu überwachen. Von Autofahrern könne man das weder verlangen noch erwarten. Gleichzeitig aber gebe es im Autoverkehr sehr viel mehr Situationen, wo in Sekundenbruchteilen entschieden werden müsse. Es sei deshalb illusorisch, dass ein menschlicher Fahrer dies leisten könne, wenn er sich einmal daran gewöhnt habe, dass sein autonomes Fahrzeug ihn fährt und er sich während der Fahrt anderen Dingen als der Überwachung des Autos zuwenden könne.

Die Frage der letzten Kontrolle

Gerdes und Thornton glauben, dass sich die Frage der letzten Kontrolle durch die Erfahrung mit autonomen Fahrzeugen beantworten lassen wird: „Die abschließende Antwort auf die Frage hat wahrscheinlich damit zu tun, ob die Gesellschaft selbstfahrende Fahrzeuge einfach als fähigere Fahrzeuge sieht oder als Roboter mit eigenem Handeln und eigener Verantwortung", schreiben sie. In letzterem Fall wäre auch ein gradueller Transfer von Verantwortung denkbar, analog zum Fall des Autopiloten, der die Befehle des Menschen-Piloten übersteuert. Dazu aber müssen Menschen Vertrauen zu Fahrrobotern aufbauen – und das wiederum bedeutet Transparenz darüber, wie die Fahrroboter programmiert sind und nach welchen Kriterien die Maschine in Konfliktsituationen entscheidet.

Die Frage der Kontrolle ist auch deshalb so entscheidend, weil sie quasi die „Urfrage" des Fahrens ist. „Die Faszination des automobilen Autonomieversprechens basiert historisch vor allem auf der Kontrolle des menschlichen Fahrers über Gaspedal, Lenkrad und Bremse", schreibt der Historiker Fabian Kröger.[17] Er zitiert den Philosophen Roland Barthes, das Lenken eines Autos sei der einzige Bereich, „wo dem Machtrausch und der Erfindungsgabe noch ein freier Raum" verbleibe. Der Soziologe Henri Lefebvre argumentierte sogar, das Auto sei das letzte Refugium von Zufällen und Risiko in einer zunehmend kontrollierten und verwalteten Gesellschaft.

Auch der Begriff „Automobil" spiegelt das wider: Das griechische autòs („selbst, persönlich, eigen") wurde mit dem lateinischen mobilis („beweglich") zum „Selbstbeweglichen" kombiniert. „Es überwog die Freude daran, dass der Fahrer ohne Unterstützung von Pferden mobil wird", schreibt der Ingenieur-Professor Markus Maurer.[18] Nicht gewürdigt worden wäre aber, dass beim Automobil durch die fehlenden Pferde auch eine Form von Autonomie des Gefährts verloren gegangen sei. Denn die Pferde seien so dressiert gewesen, dass sie im Zweifel den Kutscher auch dann nach Hause gebracht hätten, wenn er nicht mehr voll fahrtauglich gewesen war. Oder zumindest hätten sie dann das Fuhrwerk in einen „sicheren Zustand" versetzt, indem sie angehalten hätten und sich am Gras des Wegesrandes gütlich getan hätten.

Um dieses überaus interessante Wechselspiel zwischen Autonomie und Kontrolle noch weiter zu beleuchten, lohnt ein tieferer Blick in die Geschichte des automatisierten Fahrens. Denn sehr schnell kommt die Freiheit des Fahrens in Kollision mit dem Risiko des Fahrens – den dadurch ausgelösten Unfällen.

Weil die Massenmotorisierung in den Vereinigten Staaten von Amerika drei Jahrzehnte früher einsetzte als in Europa, begann dort die Diskussion um fahrerlose Autos. Fabian Kröger argumentiert, dass das Interesse daran Anfang des 20. Jahrhunderts vor allem durch die hohen Unfallzahlen ausgelöst worden sei. Allein in den ersten vier Jahren nach dem Ersten Weltkrieg seien mehr US-Amerikaner bei Autounfällen getötet worden als zuvor im Kriegseinsatz in Frankreich.

Mehr Tote im Straßenverkehr als im Ersten Weltkrieg

Allein in den Zwanzigerjahren des vergangenen Jahrhunderts kamen rund 200 000 Menschen im Straßenverkehr zu Tode, die allermeisten davon waren Fußgänger. Die Schuld dafür gab man vor allem dem Fehlverhalten der Autofahrer. Dass die Straßeninfrastruktur und die Konstruktion der Autos auch mitverantwortlich sein könnte, wurde damals noch nicht diskutiert.

Was also könnte getan werden, um die Fehlerquelle Mensch beim Fahren zu minimieren? Die Begeisterung für Maschinen in dieser Zeit legte die Antwort nahe: ein unfallfreies, sich selbst steuerndes Automobil.

Und zwei technische Neuerungen sollten es bald auch möglich machen. So stellte Lawrence B. Sperry (1892–1923) im französischen Bezons nahe Paris im Juni 1914 den ersten gyroskopischen „Airplane Stabilizer" für Flugzeuge vor. Die Präsentation war spektakulär: Sperrys Mechaniker kletterte während des Fluges auf den rechten Flügel, Sperry selbst stand im Cockpit auf und hob beide Hände über den Kopf. Voilà – das Flugzeug flog trotzdem weiter.

Sperrys Erfindung ging als erster Autopilot in die Technikgeschichte ein. Sie basiert auf einem Gyrokompass, den sein Vater Elmer A. Sperry erfunden hatte. Fast gleichzeitig stellte auch John Hays Hammond (1888–1965) ein System zur automatischen Kursstabilisierung vor.

Beide Erfindungen zusammen „bereiteten der Kommerzialisierung des Autopiloten den Weg", wie Kröger schreibt.

Die zweite Entwicklung war die neue Wissenschaft der Radiotechnik, die die Fernsteuerung mittels Funkwellen ermöglichte. Vor allem das US-Militär trieb sie voran, um ferngesteuerte Torpedos, Schiffe und Flugzeuge zu entwickeln.

Am 5. August 1921 war es so weit: Auf dem Mc-Cook-Luftwaffengelände in Dayton/Ohio präsentierten Ingenieure des Radio Air Service das erste fahrerlose Auto. Es war 2,5 Meter lang, hatte drei Räder und wurde per Funk von einem Fahrer in einem 30 Meter hinter ihm fahrenden Armeelastwagen gesteuert. Insofern handelt es sich zwar nicht um ein selbstfahrendes, aber zumindest um ein fahrerloses Gefährt.

1925 fuhr dann erstmals ein ferngesteuertes Auto namens „American Wonder" über den Broadway in New York. Auch dieses wurde von einem zweiten Fahrzeug aus per Fernsteuerung gelenkt.

Das erste ferngesteuerte Fahrzeug war 2,5 Meter lang und fuhr 1921 in den USA. Es wurde von einem dahinter fahrenden Armeelastwagen gelenkt.

In den 1930er- und 1940er-Jahren wurden derartige ferngesteuerte Autos vor allem bei so genannten „safety parades" eingesetzt, mit denen die Verkehrsteilnehmer zu sicherem Verhalten geschult werden sollten. „Für Verkehrssicherheitskampagnen bot sich das fahrerlose Auto in geradezu idealer Weise an", schreibt Kröger. Die Sicherheit des modernen Automobils hänge vom Fahrer ab, hieß es bei den Kampagnen. Und weil das fahrerlose Automobil alle Verkehrsregeln beachte, sei es ein gutes Vorbild für die menschlichen Fahrer.

Angekündigt wurden die Autos bei diesen „safety parades" von der Presse allerdings als „phantom auto", „robot car" oder gar als „magic car". Die Medien präsentierten das fahrerlose Auto also von Beginn an als phantastische Objekte. Und schon bald fanden diese Autos Eingang in die Literatur: „Wir sausten los, ohne daß jemand das Steuerrad hielt, flitzten um Ecken, wichen anderen ebenso feinen Kraftkutschen aus, niemand hupte", schrieb der deutsche Schriftsteller Werner Illing schon 1930 in seiner Automatisierungsutopie „Utopolis". Er hob besonders hervor, das „Wunderbarste" an dem Wagen sei, dass er „sich so benahm, als hätte er sämtliche nur denkbaren Verkehrsvorschriften auswendig gelernt".

Illing gibt auch eine technische Erklärung, wie der Wagen sich steuert: Er habe vorne ein kleines Prismenauge, das mit „unauffällig in die Hauswände eingelassen(en)" Ampeln kommuniziere.

Wenig später schrieb der US-amerikanische Science-Fiction-Autor David H. Keller in seiner 1935 erschienenen Kurzgeschichte „The Living Machine" über ein Auto, das mit Sprachbefehlen gesteuert werden kann. Die Story beginnt sehr positiv:

„Alte Menschen begannen, den Kontinent in ihren eigenen Autos zu überqueren. Junge Leute nutzten das fahrerlose Auto zum Petting. Blinde befanden sich zum ersten Mal in Sicherheit. Eltern konnten ihre Kinder in dem neuen Auto sicherer zur Schule schicken, als in den alten Autos mit Chauffeur."

Der Fahrcomputer öffnet das Fahren also für neue Nutzerschichten und macht den Verkehr sicherer. Dann jedoch schlägt die Geschichte um. „Autos, außer Kontrolle, rasten die öffentlichen Straßen entlang, jagten Fußgänger, töteten kleine Kinder, überfuhren Zäune."

Diese Erzählvariante des Kontrollverlustes über die fahrerlosen Maschinen wird später noch sehr häufig zu finden sein. Der Historiker Kröger nennt sie ein „dominantes Muster durch das 20. Jahrhundert".

Kontrollverlust als dominantes Erzählmotiv

Auch Stadtplaner, Industriedesigner, Verkehrswissenschaftler und nicht zuletzt Politiker ließen sich von der Vision des fahrerlosen Autos begeistern. Angespornt von der US-amerikanischen Öl- und Automobilindustrie entwickelten sie schon in den 1930er-Jahren ein Szenario, wie der Verkehr vollautomatisch abgewickelt werden könnte. Dabei wurde die „Idee der automatisierten Straße" auf reale Landschaften projiziert. Kröger schreibt, dass es sich vor allem um ein utopisches Leitbild handeln sollte, um das Vertrauen in den Kapitalismus nach der Weltwirtschaftskrise der 1920er-Jahre wiederherzustellen.

Die manchmal auch „Leitdrahtvision" genannte Utopie sah vor, die Fahrbahnen mit elektromagnetischen Kabeln auszustatten. Deren Impulse würden dann die Geschwindigkeit der Autos regulieren und sie auch steuern. Auf einer sehr bekannt gewordenen Abbildung des Illustrators Benjamin Goodwin Seielstad (1886–1960) sind vier Spuren je Fahrbahn zu sehen: eine Express-Fahrbahn, eine „Cruising"-Fahrbahn, eine „Beschleunigungs-Fahrbahn" und eine Sicherheits-Fahrbahn. Zwischen den Fahrrichtungen gibt es noch zwei Busspuren.

Auf dieser „automatischen Autobahn" herrscht Friede. Die „Schlachten" sind beendet, die durch „menschliche Fahrfehler und schlechte Straßen verursacht" werden, wie das Magazin „Popular Science" über die Vision schreibt.

Auch die Art und Weise, wie der Illustrator das Bild gezeichnet hat, soll Zukunftsoptimismus verströmen: Wir schauen „aus der Vogelperspektive auf die Autobahn der Zukunft, die in einer schnurgeraden Fluchtlinie gen Horizont führt. Die weiß leuchtenden Fahrbahnen vereinigen sich am zu überschreitenden Horizont des Panoramas. In dieser Perspektive ist ein empathischer Fortschrittspfeil hin zum besseren Morgen enthalten", schreibt Kröger.

1939 ließ der Autokonzern General Motors (GM) für die New Yorker Weltausstellung sogar ein monumentales Futurama dieser Superhighways errichten. Auf 3000 Quadratmetern wurden eine halbe Million Häuser, eine Million Bäume und 50 000 Spielzeugautos aufgebaut. 10 000 animierte Modellautos sausten über eine vierzehnspurige Autobahn, von Radiowellen in der Spur gehalten. So sollte es dann 1960 in den USA zugehen, also rund zwei Dekaden in die Zukunft gedacht. Die Besucher des Futuramas konnten die Szenerie von oben bestaunen, wo ein Fließband sie 16 Minuten lang durch die Show führte – und zwar äußerst bequem in 552 Plüschsesseln.

Tankstellen fehlten übrigens in dem Szenario, „sie hätten an die Abhängigkeit dieser Vision vom Öl erinnert", schreibt Kröger: „Auch

1938 berichtete das US-Magazin „Popular Science" über diese so genannte Leitdrahtvision einer automatisierten Autobahn.

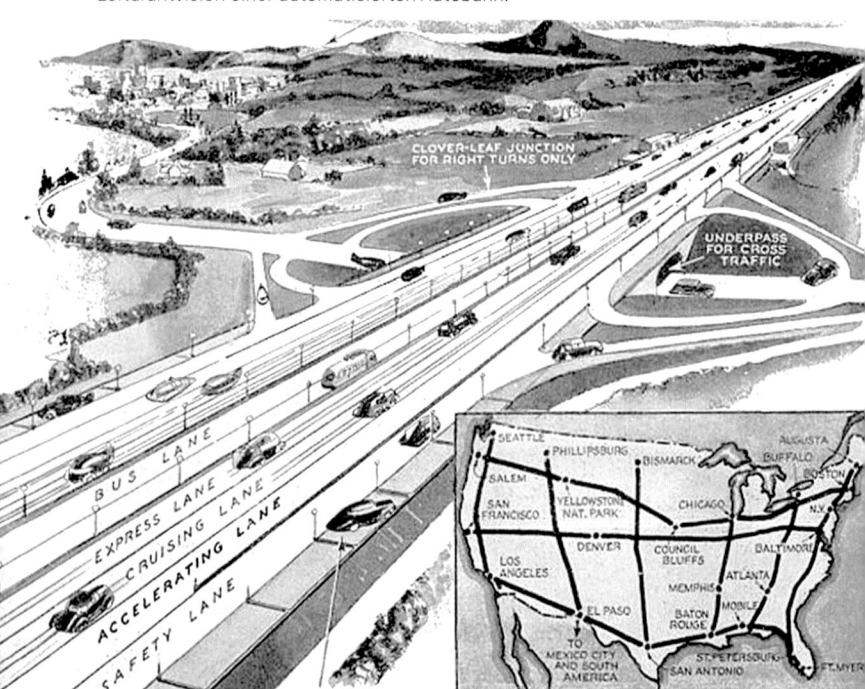

Kirchen sucht man vergebens, denn das gesamte Futurama war bereits ein Ort der worship, der Huldigung eines technischen Transzendenzversprechens."

Wie die Technik genau funktionieren sollte, blieb unklar: „GM gab nur die Auskunft, nicht genauer beschriebene ‚Experten' würden die Autofahrer beim Spurwechsel von Kontrolltürmen aus dirigieren. Offenbar sollte der Fahrer das Steuer in der Hand behalten, aber gleichzeitig einem menschlichen Anweiser gehorchen, der seine Befehle per Funk übermittelte."

Das Auto als Ersatzwohnzimmer

1956 erscheint mit der Anzeige der „Americas Independent Electric Light and Power Companies" dann im LIFE-Magazin eine ikonische Zeichnung einer glücklichen Familie im selbstfahrenden Auto, die heute noch oft zu sehen ist: Auf einem schnurgeraden Highway schnurren selbstfahrende Autos vor sich hin, drinnen sitzt eine Familie und spielt Domino, während die Sonne durchs Glasdach scheint. Das Auto wird zum Ersatzwohnzimmer.

Auch dies bereitet einem viel gehörten Argument für das autonome Fahren den Weg: Statt am Steuer zu sitzen und sich auf das Fahren zu konzentrieren, kann die Familie im Fahrroboter die Zeit für gemeinsame Aktivitäten nutzen. Fahren wird zur Freizeit.

Dies ist auch der Inhalt eines Disney-Filmes von 1958, „Magical Highway U.S.A." von Ward Kimball. Kröger schreibt darüber: „In einer Mischung aus dokumentarischen Archivaufnahmen und fiktionalen Cartoon-Inhalten erzählt der Film die Geschichte der amerikanischen Straße. Den negativen Folgen der Massenmotorisierung – Pannen, Unfälle, Staus – wird die Lichtgestalt des ‚Highway Engineers' entgegengestellt. Er wird die Straßen bauen, die alle Übel heilen."

Und diese Straßen sind vollautomatisiert. Kombiniert wird diese Utopie mit dem Idealbild der amerikanischen Familie der 1950er-Jahre: „Eine Zeichentricksequenz zeigt, wie eine Familie in ein futuristisches Auto steigt. Nachdem der Vater das Ziel auf einem Mischpult eingegeben hat, hält er per Bildtelefon eine Geschäftskonferenz ab und wird anschließend im Büro abgesetzt. Mutter und Sohn fahren ins Shoppingcenter."

Der reale Hintergrund dieser Fiktion ist schon damals, dass US-Amerikaner immer mehr Zeit im Auto zubringen. 13 Millionen Häuser wurden in der Dekade von 1948 bis 1958 gebaut, 85 Prozent davon in den Vorstädten. Also pendelten die Männer zur Arbeit, die Frauen brachten die Kinder zur Schule und zu ihren Nachmittagsaktivitäten.

General Motors stellt im Februar 1958 das erste „automatically guided automobile" in Warren/Michigan vor. Im Frontbereich eines 1958er Chevrolet wurden zwei elektronische Fühler angebracht, die einem in der Straße verlegten Kabel folgten und das Steuerrad danach ausrichteten. So konnte das Auto auf der eine Meile (1,6 Kilometer) langen Teststrecke „automatisch" fahren. Zu Werbezwecken zeigte das erste Foto „eine junge Frau, die lachend das Steuer des automatischen Wagens loslässt und ihre Hände wie der ‚neue Mensch' gen Himmel hebt", wie Kröger berichtet.

Eine lächelnde Frau hebt die Hände vom Steuer, das Auto fährt selbstständig: Dieses Foto ist 1958 auf einer GM-Teststrecke entstanden.

Noch im selben Jahr präsentierte GM mit der Studie Firebird III ein Auto, das kein Lenkrad mehr hatte. In der Mittelkonsole befand sich ein Joystick, der alle Fahrfunktionen – Beschleunigen, Bremsen, Lenken – vereinte. Auch der Firebird fuhr mit den Leitkabeln.

Die Erfindung der Cruise Control

Die Medien nennen es ein „wohlerzogenes" Gaspedal: 1954 kommt ein automatischer Geschwindigkeitshalter und -begrenzer auf den Markt, den viele als erstes Fahrassistenzsystem werten. Erfunden hat es Ralph Teetor (1890–1982) unter dem Namen Speed-o-Stat. Vier Jahre später bietet der Automobilhersteller Chrysler das System für den Aufpreis von 86 US-Dollar an. Das durchschnittliche Familieneinkommen lag damals bei 5100 US-Dollar im Jahr.[19] Ein Facharbeiter musste also rund einen Wochenlohn (damals 92 US-Dollar) für das neue „supergadget" (Popular Science) ausgeben. Sehr viele taten es. Die inzwischen „Tempomat" oder „Cruise Control" genannten Geräte erfreuten sich bald großer Beliebtheit.

Das Einstellrad für den ersten Autopiloten, den Chrysler 1958 entwickelt hatte. Daraus entwickelte sich die Cruise Control.

KAPITEL I

In den 1950er-Jahren dominiert in der öffentlichen Darstellung ganz klar das Wunderbare der Vision des fahrerlosen Automobils. In der Literatur taucht die Frage auf, ob diese Autos in ihrer Fortentwicklung irgendwann auch einmal dem Menschen ähneln werden. Sie ist Kern der Kurzgeschichte „Sally", die der Science-Fiction-Autor Isaac Asimov 1953 veröffentlichte. Dort gibt es „Automatics", die uns nicht nur sicher durch die Gegend fahren, sondern auch menschliche Regungen zeigen. Die „Automatomobile", wie Kröger den Begriff übersetzt, sind zutraulich und herzlich. Sie können miteinander sprechen und ihre Gefühle kann man an den Motorengeräuschen hören. Besonders die Cabriolets seien „sehr eitel". Zwar könnten sie auch auf „Handbetrieb" umgeschaltet werden, man dürfe den Motor jedoch nicht abschalten, da dies dem Wagen Schmerzen bereite. Wenig überraschend schlägt die Geschichte kurz danach ins Bedrohliche um: „Die Autos entwickeln einen eigenen Willen, sie öffnen ihre Türen nicht mehr, rollen auf einen Gegner zu und beginnen schließlich zu töten."

Vision vom autonomen Fahren: Diese Anzeige von 1956 im LIFE-Magazine zeigt eine vierköpfige Familie, als wäre das Auto ein Ersatzwohnzimmer.

Leitmedium Hollywood

Auch Hollywood entdeckte in diesen Jahren das autonome Fahren als interessantes Filmsujet. Wie Kröger schreibt, übernahm nun das Kino die Rolle eines Leitmediums, das mit utopischen Bildkonzeptionen für Aufsehen sorgte. „Die kinematografischen Repräsentationen des autonomen Fahrens überschreiten in der Intensität ihrer Bildsprache deutlich den Horizont der Druckmedien. Ihre Bildwelten sind nicht nur Indikatoren gesellschaftlicher Hoffnungen, sondern vor allem bestimmter Ängste."

Das erste selbstfahrende Automobil im Spielfilm ist allerdings eine freundliche Maschine, die sehr gut bei den Zuschauern ankommt: „Herbie, The Love Bug", eine Disney-Komödie aus dem Jahr 1968. Held Herbie ist ein „antropomorpher Rennkäfer" mit Eigenleben: Er bewegt sich von selbst, verliebt sich in ein anderes Auto, will aus Eifersucht Selbstmord begehen, torkelt betrunken, zittert vor Wut, fiept wie ein Hund, hat Fieber. Sprechen kann er nicht, aber es gibt einen Mechaniker, der ihn versteht und uns über seine Gefühle berichtet. „Das selbstfahrende Auto wird als verlebendigtes, maschinales Ebenbild des Menschen gezeigt und dient als Metapher für die merkwürdige, intensive, intime Beziehung des Menschen zum Automobil."

Die Geschichte von Herbie gehört laut Kröger in die Kategorie des „rein Phantastischen". Auf eine technische Erklärung, wie Herbie überhaupt funktioniert, wird verzichtet. Das Auto hat nichts Unheimliches an sich, es ist ganz und gar dem Wunderbaren zuzurechnen.

Der Regisseur Steven Spielberg erschafft in seinem ersten Film „Duell" das noch bis heute dominante Gegenbild: Dort jagt ein Tanklastwagen als Furcht einflößende und von Menschen nicht steuerbare Maschine einen Handelsvertreter durch die kalifornische Wüste. Noch heute oszilliert das Bild autonomer Autos in Film und Fernsehen zwischen diesen beiden Polen.

Herbie bekommt bis 1980 drei Fortsetzungen. Die deutsch-schweizerische B-Film-Serie „Dudu" (1971–1978) inszeniert in „Ein Käfer auf Extratour" (1973) ein Fahrzeug mit künstlicher Intelligenz, das angeblich auch die Inspiration für die Serie „Knight Rider" gewesen sein soll.

Und auch im Horrorfilm wurde das Sujet des fahrerlosen Autos weiterentwickelt. Spielberg präsentierte 1977 den Film „The Car", in dem eine „diabolische schwarze Limousine" die Bewohner einen kleinen Stadt terrorisiert. Der Regisseur John Carpenter verfilmte 1983 einen Roman von Stephen King, wo ein lebendig gewordenes Auto seinen Fahrer tötet. In „Christine" weist das Radio im Auto den Fahrer darauf hin, dass der Plymouth seinen eigenen Willen hat. Im Gegensatz zu „The Car" habe Christine jedoch einen Besitzer, schreibt Kröger: Der pubertierende Arnie, der immer besessener von seinem Auto wird. Tags steuert er, nachts geht das Auto auf Jagd, um zu töten. Unfälle können Christine nichts anhaben, das Auto heilt sich immer wieder selbst. „Der besondere Reiz des Filmes besteht darin, dass es bis zum Schluss unklar bleibt, ob es nicht doch Arnie ist, der Christine steuert", schreibt Kröger.

Für ihn zeigen diese Filme die „Verselbstständigung des Automobils, die ihr Pendant in der Realität fand". Denn die Massenmotorisierung der damaligen Zeit in den USA führte nicht nur zu vielen Verkehrstoten, sondern auch zu langen Staus und einer erhöhten Umweltbelastung und Smog. Mit der Ölkrise 1973 endete auch in den USA vorerst die goldene Zeit des PS-starken Automobils.

In den Forschungslaboren der Autohersteller verabschiedeten sich die Ingenieure in der Zwischenzeit von der Leitkabelvision, weil sie technisch zu kompliziert war. Stattdessen ging es darum, das Auto zu verbessern. Das hatte auch mit den strengeren Umwelt- und Sicherheitsauflagen zu tun, die inzwischen eingeführt worden waren.

In Japan und den USA wetteiferten die Techniker darum, dem Auto das Sehen beizubringen. 1977 präsentierte ein Team von Sadayuki Tsugawa vom Mechanical Engineering Laboratory ein Auto, das über zwei Kameras Bilder der Straße aufnehmen und verarbeiten konnte.

Hans Moravec vom Artificial Intelligence Lab der kalifornischen Stanford University forschte 1973 bis 1981 an Roboter-Navigation. Er benutzte dafür ein bereits 1960 konstruiertes Experimentalfahrzeug namens Stanford Cart, auf das er eine Fernsehkamera montierte. 1979 gelang es ihm, das Gefährt fünf Stunden lang ohne menschlichen

Eingriff durch einen Raum mit Hindernissen zu bewegen.

Mit der Weiterentwicklung der Mikroelektronik konnte das Auto zudem immer weiter elektronifiziert werden, von der Einspritzung und Zündung bis zum ersten Bordcomputer (Check Control) im 7er BMW (E23). Kröger schreibt, dass mit der Vorstellung des Anti-Blockier-Systems ABS im Jahr 1978 die Ära aktiver Fahrerassistenzsysteme begonnen habe, die direkt in das Fahrgeschehen eingriff.

Die Ära der Assistenzsysteme beginnt

Das wiederum wurde begierig auch vom Film aufgenommen: Ein sprechendes Auto mit dem Namen KITT (Knight Industries Two Thousand) wurde zum Hauptdarsteller der Fernsehserie „Knight Rider", die in den USA von 1982 bis 1986 ausgestrahlt und auch in Deutschland sehr bekannt wurde. Es handelte sich dabei um einen schwarzen Pontiac Firebird Trans Am mit einer roten Lichterkette im Kühlergrill: Sein Fahrer, der ehemalige Polizist Michael Knight, konnte ihn sowohl manuell steuern als auch automatisch fahren lassen. Über seine Armbanduhr (ComLink) konnte er das Auto herbeirufen. KITT ist somit im technischen Sinn ein Vollautomat mit Verfügbarkeitsfahrer.

Michael Knight spricht mit seinem Auto und nennt es immer wieder „pal", Kumpel. „Die Maschine ist ein Partner des Menschen: Auch bei manueller Steuerung gibt sie Ratschläge", berichtet Kröger. Dennoch lauert auch in dem normalerweise nicht eigenständig agierenden KITT das Potenzial einer Rebellion gegen den Fahrer: Das Auto kann den Fahrer in Ausnahmefällen überstimmen, beispielsweise wenn er sich selbst gefährdet. „Ich kann nicht zulassen, dass Sie Ihr Leben in Gefahr bringen. Ich übernehme die Kontrolle", sagt KITT dann. Und es wird die Möglichkeit thematisiert, dass Dritte das Fahrzeug umprogrammieren können und es so zu einer Bedrohung für seinen Fahrer wird.

1990 beginnt eine „15-jährige Hochkonjunktur autonomer Fahrzeuge im Science-Fiction-Film. Das Kino zeigt in ambivalenten Dystopien, wie der Mensch sich die schöne neue Welt der automatischen Fahrzeuge aneignet oder aus ihr vertrieben wird", argumentiert Kröger.

Die zentrale Frage dabei ist immer „Wer steuert?". War es bei „Knight Rider" noch möglich, selbst zu lenken, entfällt das in etlichen Filmen. Vor allem Fluchtsituationen versinnbildlichen das. Die Fehleranfälligkeit der Mensch-Maschine-Schnittstellen wird in den Filmen thematisiert. Gleichzeitig geht in der Realität die Entwicklung wichtiger Fahrerassistenzsysteme weiter: „Seit 1995 ist die Electronic Stability Control (ESP) verfügbar, die ein Schleudern des Fahrzeugs verhindert. Mit der 1998 von Mercedes vorgestellten Distronic wurde halbautomatisches Fahren möglich. Der niederländische Hersteller TomTom brachte 2004 das erste mobile Navigationsgerät auf den Markt", schreibt Kröger. Für die Popularisierung maschinenunterstützten Fahrens sei diese Entwicklung von großer Bedeutung gewesen, da der Fahrer sich nun daran zu gewöhnen begann, den Lenkanweisungen eines Computers zu gehorchen.

Im Film lassen sich derweil zwei Ausprägungen selbstfahrender Wagen unterscheiden: die „totalitäre Version" eines vollautomatisierten Fahrens, ohne die Möglichkeit zum Eingreifen. Und eine „demokratischere Version", bei der der Mensch zwischen automatischer und manueller Steuerung wählen kann.

Ersteres zeigen die Filme „Total Recall" von Paul Verhoeven 1990 und Steven Spielbergs „Minority Report" aus dem Jahr 2002. In „Total Recall" will der von Arnold Schwarzenegger gespielte Arbeiter Douglas Quaid in seinem automatischen Taxi vor Verfolgern flüchten. Doch das „Johnny Cab" versteht ihn nicht: Statt sofort Gas zu geben, fragt der Android nach einer Adresse. Erst als Quaid den mechanischen Chauffeur aus der Verankerung gerissen hat und das Auto mit einem Joystick selbst steuert, gelingt ihm die Flucht.

In „Minority Report" geht das nicht mehr. Die Technik ist inzwischen wesentlich weiter entwickelt und übernimmt die Kontrolle. Was 2015 als „predictive policing" in den ersten Städten tatsächlich ausprobiert wird – nämlich mithilfe von Big Data Verbrechen vorherzusehen und zu verhindern – wird dort bereits thematisiert.

Ein Polizist wird beschuldigt, in Zukunft einen Mord begehen zu wollen. Er flieht in einem automatischen Maglev, einem Magnetic-Levitation-

Fahrzeug. Doch nach kurzem meldet eine weibliche Stimme, dass seine Fahrt beendet ist: „Security lockdown enabled: Revised destination: Office." Der Wagen wird automatisch auf die entgegengesetzte Spur gelenkt und fährt zurück zum Hauptquartier. Der Flüchtling ist gefangen.

Diese Sequenz zeige „einen der wesentlichen Vorbehalte gegenüber dem autonomen Fahren", argumentiert Kröger: „Einer der kulturellen Vorzüge des Automobils lag historisch in der Suggestion einer Identität mit dem Selbst. Hier entgleitet das Vehikel nicht nur der Kontrolle dieses Selbst, es wird regelrecht zur Falle, da es von außen ferngesteuert werden kann. Somit repräsentiert es genau das Gegenteil des anthropologisch dominanten, unbewussten Fluchtwunsches, dessen Einlösung das Automobil historisch versprach."

Die „demokratischere Version" der Filme ermöglicht dem Menschen auch weiterhin die Wahl zwischen automatischer und manueller Steuerung. Im futuristischen Thriller „Demolition Man" von 1993 ist das autonome Fahren Teil einer perfekten Welt ohne Gefahren. Auf den gesprochenen Befehlt „Self-drive on!" antwortet das Auto mit einer weiblichen Stimme und das Lenkrad entfaltet sich. Allerdings ist die Technik hier unzuverlässig. Der Bordcomputer meldet einen Software-Fehler und das Auto rast in eine Kurve. Auch der Schrei „Bremsen" kann den Unfall nicht vermeiden.

In dem 1997 erschienenen Film „Das fünfte Element" von Luc Besson geht es um einen von Bruce Willis gespielten Taxifahrer, der in einer völlig automatisierten Wohnung lebt und über ein Flugtaxi verfügt.

„I, Robot" (2004) schließlich „zielt auf die Ambivalenz aus Unheimlichem und Wunderbarem moderner Automaten", wie Kröger schreibt. Will Smith als Kommissar Spooner fährt einen vollautonomen Audi RSQ, der auch manuell gesteuert werden kann. Als das Auto mit hoher Geschwindigkeit durch einen Tunnel fährt, beschließt Spooner, selbst zu lenken, und verursacht einen Unfall. Das zeigt, dass die automatische Steuerung sicherer ist als die manuelle. Auf der anderen Seite gelingt es Spooner nur durch die Übernahme des Steuers, sich vor Angreifern in Sicherheit zu bringen. Was Sicherheit bedeutet, hängt also vom Kontext ab.

„I, Robot" ist nach Angaben des Historikers Fabian Kröger bis heute der letzte Film, der autonomes Fahren zeigt. Er setzt dies in Zusammenhang mit den Roboterrennen des US-amerikanischen Militärs, die im gleichen Jahr starteten, also 2004. „Grand Challenge" heißen die Wüstenrennen, die seitdem von der Forschungsabteilung DARPA (Defense Advanced Research Projects Agency) jährlich organisiert werden. Mittelfristig will das US-Militär ein Drittel seiner Autos autonom fahren lassen. 2005 hat ein VW Touareg namens Stanley aus dem Artificial Intelligence Laboratory der Stanford University die „Grand Challenge" gewonnen. Konzipiert hat ihn ein Team um Sebastian Thrun, der 2008 die Flotte autonomer Fahrzeuge bei dem Internetkonzern Google aufgebaut hat.

„Damit ist das fahrerlose Auto in der Realität angekommen", bilanziert Kröger: „Lange Zeit inspirierte die Forschung den Film, nun scheint es umgekehrt zu sein: Der Film dient dem Forschungsteam als Referenz: So nahm an der ‚Urban Challenge' 2007 ein Fahrzeug mit dem Namen ‚Knight Rider' (Team University of Central Florida) teil."

Technik reagiert auf Kino – und umgekehrt

Der Blick in die Bild- und Technikgeschichte des automatischen Fahrens zeigt nach Ansicht des Historikers Kröger, dass „technische und bildliche Innovationen sich in einem Wechselspiel entwickelt haben". Die Fernsteuerungstechnik brachte das erste fremdgesteuerte Auto auf die Straße. Das erste wirklich selbstgesteuerte Fahrzeug entstand aber als literarische Imagination. Von 1935 bis 1955 ging die Bildgeschichte der Technikgeschichte voran, animierte sie mit utopischen Autobahnpanoramen. Ende der 1960er-Jahre entwickelte sich eine von der Technikentwicklung relativ autonome filmische Bildgeschichte, die dann aber ab den 1980er-Jahren die Elektronifizierung des Fahrens direkt kommentierte. Ab 2005 schien das autonome Fahren filmisch unattraktiv zu werden, da es an der Schwelle zur Gegenwart stand.

„Die kulturelle Logik des selbst steuernden Automobils entfaltet sich über den gesamten Zeitraum hinweg zwischen Wunderbarem und Unheimlichem", schreibt Kröger. Wie aber kann nun der reale Übergang vom Selbstfahren zum Gefahrenwerden stattfinden?

Der Historiker erinnert daran, dass die Automatisierung des Autos nicht mit der anderer Objekte der Industriekultur des 20. Jahrhunderts verglichen werden könne. Bei Geräten wie der Rolltreppe, dem Fahrstuhl oder der Waschmaschine stand von Anfang an die Erleichterung körperlich mühsamer Tätigkeiten im Vordergrund. Beim Fahren hingegen kehre sich die „Logik der betroffenen Aktivität" diametral um – eben vom Fahren zum Gefahrenwerden.

Doch das Auto selbst zu lenken, sei eben nicht nur mühevoll, langweilig und anstrengend, sondern auch Spaß, Herausforderung und Risiko. Der Übergang zu fahrerlosen Automobilen stelle also einen „kulturellen Sprung" dar.

Das verbindende oder in diesem Sinn „überbrückende" Element könnte laut Kröger die menschliche Sprache sein. Menschen brächten autonomen Fahrzeugen eine größeres Vertrauen entgegen, wenn sie „einen Namen, eine Stimme, ein Geschlecht" bekommen.[20] Das könnte es den Mensch erleichtern, sich in ein fahrerloses Auto zu setzen und ihre Autonomie beim Fahren aufzugeben.

So könnten Sprachsteuerungssysteme wie beispielsweise das in Apple-Geräten verwendete SIRI ein Vorbild für die Konstruktion der „Mensch-Maschine-Schnittstelle" sein, die in den autonomen Autos das Zusammenspiel zwischen den Insassen und dem Computer regelt.

Wie die autonomen Fahrzeuge dann unterwegs sein werden und wie damit also die Mobilität der Zukunft aussehen könnte, wird im folgenden Kapitel beschrieben.

KAPITEL I

Filmografie

The Safest Place (1935), Produzent: Jam Handy
Magic Highway U.S.A. (1958), Regie: Ward Kimball
Key to the Future (1956), Regie: Michael Kidd
The Love Bug (1968), Regie: Robert Stevenson
Duell (1971), Regie: Steven Spielberg
Ein Käfer auf Extratour (1973), Regie: Rudolf Zehetgruber
The Car (1977), Regie: Elliot Silverstein
Knight Rider (1982–1986), Produzent: Glen A. Larson
Christine (1983), Regie: John Carpenter
Batman (1989), Regie: Tim Burton
Total Recall (1990), Regie: Paul Verhoeven
Demolition Man (1993), Regie: Marco Brambilla
Tomorrow never dies (1997), Regie: Roger Spottiswoode
Das fünfte Element (1997), Regie: Luc Besson
The 6th Day (2000), Regie: Roger Spottiswoode
Minority Report (2002), Regie: Steven Spielberg
I, Robot (2004), Regie: Alex Proyas

Das selbstfahrende Auto KITT - ein schwarzer Pontiac Firebird Trans Am - aus der Filmserie „Knight Rider".

Fahrroboter im Film:
Ein Käfer machte 1968 in der Disney-Komödie „Herbie, The Love Bug" Karriere. Ein Flugtaxi ist in „Das fünfte Element" (1997) zu sehen. Als der Verdächtige in „Minority Report" (2002) in einem Maglev fliehen will, wird er automatisch gestoppt.

KAPITEL II

MOBILITÄT & VERÄNDERUNG

Wann werden wir autonom fahren?

Drei Szenarien für den Übergang zum selbstfahrenden Auto

Sie gilt als eine der bekanntesten Filmszenen der deutschen Fernsehgeschichte. In der zweiten Folge weist der Schauspieler Horst Tappert alias Kommissar Derrick seinen Assistenten an: „Harry, wir brauchen den Wagen, sofort!" Und schon stürzt Harry Klein, gespielt von Fritz Wepper, aus dem Zimmer und holt den Wagen.

Wird diese Szene künftig lauten: „Siri, ich will in zwei Minuten losfahren"? Oder gar „Wagen, hol schon mal den Harry?", wie die „Zeit" kürzlich titelte?[21] Und kommt dann prompt ein passendes Gefährt angerollt? Ein schneller Sportwagen, wenn der Kommissar dem Verbrecher hinterherjagt, ein geräumiger Kombi, wenn die Familie zum Großeinkauf muss, und ein hübsches Cabrio, wenn das junge Paar zum Picknick am See fährt?

Noch geht das nur in der Science-Fiction. Doch in rund einem Jahrzehnt halten die meisten Experten das Szenario für möglich. Schon heute haben alle namhaften Automobilhersteller Wagen im Einsatz, die teilweise oder voll autonom fahren. Daimler präsentierte sein Forschungsfahrzeug F 015 erstmals auf der Computer Electronics Show in Las Vegas im Januar 2015, wenig später durften dann

Autojournalisten in Kalifornien darin Probe fahren. BMW-Entwicklungsvorstand Herbert Diess[22] sagte der „Autogazette" bereits im September 2014, dass „hochautomatisiert fahrende Fahrzeuge nach 2020 zum Einsatz kommen" könnten. Und Volkswagen zeigte im März 2015 auf der CeBIT mit dem „James 2025" ein Auto, welches das Jahr 2025 sogar im Namen trägt.[23]

Wie aber wird das autonome Fahren die Mobilität der Menschen verändern? Werden wir in Zukunft anders mobil sein als heute? Und wie kommen wir überhaupt dorthin?

Um diese Fragen zu beantworten, werden in diesem Kapitel unterschiedliche Szenarien für den Übergang zur autonomen Mobilität vorgestellt. Daran schließt sich eine Diskussion an, welche Auswirkungen sie auf die Mobilität in der Stadt, aber auch im Fernverkehr haben könnten. Schon heute ist autonomes Fahren beispielsweise in den US-Bundesstaaten Nevada und Kalifornien möglich. Die Frage, wie Städte, Regionen und Staaten das autonome Fahren fördern und welche Regeln dafür geändert werden müssen, rundet das Kapitel ab.

Sven A. Beiker ist geschäftsführender Direktor von CARS, dem Center for Automotive Research an der Stanford University, und beschäftigt sich seit Jahren mit dem autonomen Fahren. Er hält drei grundsätzliche Szenarien beim Übergang zu Fahrrobotern für möglich: eine Evolution der Fahrerassistenzsysteme durch die etablierte Automobilindustrie, die Revolution der Individualmobilität durch automobilfremde Technologiefirmen und schließlich das Zusammenwachsen der Individualmobilität mit der öffentlichen Personenbeförderung.

Es ist wichtig, zu Beginn diese unterschiedlichen Wege zum autonomen Fahren klar zu definieren und zu beschreiben. Denn je nach Szenario differieren die Wege erheblich bis zum Endzustand des autonomen Fahrens. Auch sind sie dramatisch in ihrer Wirkung auf die etablierte Automobilindustrie, den Beschäftigungsgrad der Branche und die Auswirkungen auf die Stadtlandschaft, die im nächsten Kapitel beschrieben wird.

Evolutionäres Szenario: der Vorteil des Nach-und-nachs

Im evolutionären Szenario ist die etablierte Automobilindustrie der wesentliche Treiber der Entwicklung. Die für autonomes Fahren notwendige Technik wird hierbei nach und nach in die Top-Modelle der jeweiligen Hersteller eingebaut. Im Laufe der Zeit „diffundiert" diese High-End-Technik dann auch zu anderen Modellklassen, bis sie nach und nach in alle Neuwagen eingebaut wird.

Nach diesem Muster wurden in den vergangenen 40 Jahren das Antiblockiersystem ABS, das Electronic Stability Program ESP, die Adaptive Cruise Control oder Spurhalteassistenzsysteme eingebaut. Sie haben den Fahrer zunächst bei der Längs- und später dann auch bei der Querführung des Autos unterstützt.

Das zentrale Argument bei der Entwicklung dieser Systeme war immer der Sicherheitsaspekt. Manche Neuerungen machten das Fahren auch angenehmer und komfortabler.

Nun aber kommt ein neuer Aspekt hinzu. „Derzeit ist die Automobilindustrie dabei, zum ersten Mal einen Systemverbund aus automatisierter Längs- (Antreiben, Bremsen) und Querführung (Lenken) mit Fahrerüberwachung in Serienfahrzeuge einzuführen, was damit ein teilautomatisiertes System beschreibt", erklärt Beiker.[24] Oft werde dieses Systemverbund als Stauassistent bezeichnet. Dabei handelt es sich um einen „Regelansatz aus Abstandsregeltempomat (automatisierte Längsführung) und Spurhalteassistenz (automatisierte Querführung), der das Fahrzeug im zähfließenden Verkehr automatisiert in Längs- und Querrichtung führt", beschreibt Beiker. Der Fahrer überwache dabei lediglich das System, um im Bedarfsfall einzugreifen.

Nach dem Stauassistenten erwartet Beiker die „zunehmende Automatisierung des Parkens". Schon heute sind die Parkassistenten bei vielen Nutzern außerordentlich beliebt. Dabei helfen die Systeme beim Lenken. Allerdings muss der Fahrer dabei immer noch selbst im Auto sitzen bleiben und Antrieb und Bremse steuern. Das könnte in Kürze dann ebenfalls von intelligenten Systemen übernommen werden. „Dem Fahrer wird dann nur noch die Aufgabe der Systemüberwachung

KAPITEL II

Einführung technischer Fahrer-Assistenzsysteme

Zeitablauf der verschiedenen technischen Hilfsmittel. Die gestrichelte Linie ab 2015 zeigt mögliche zukünftige Entwicklungen.

1980 1990 2000 2010 2020 2030   Zukunftsvision

VOLLAUTOMATISIERTES FAHREN
- Vollautomatisierter, indiv. genutzter Pkw
- Selbstfahrendes und indiv. abrufbares Fahrzeug

TEIL-, BEDINGT, HOCH-AUTOMATISIERTES FAHREN
- Automatisiertes Valet-Parken
- Automatisiertes Autobahnfahren
- Automatisiertes Parken
- Stauassistent

ASSISTIERTES FAHREN
- Notbremsassistent
- Einparkassistent (quer)
- Einparkassistent (parallel)
- Spurhalteassistent
- BAS – Bremsassistent
- ACC – Adaptive Cruise Control
- ESP – Elektronisches Stabilitätsprogramm
- ASP – Antriebsschlupfregelung
- ABS – Antiblockiersystem

WARNUNG UND INFORMATION
- Fußgängererkennung
- Toterwinkelwarnung
- Verkehrsschilderkennung
- Auffahrwarnung
- Fahrüberwachung
- Nachtsichthilfe
- SVW – Spurverlassenswarnung
- Einparkhilfe
- Navigationssystem

60 — MOBILITÄT & VERÄNDERUNG

zukommen, indem beispielsweise eine Taste während des gesamten Einparkvorganges zu betätigen ist, womit die Aufmerksamkeit und Verantwortung des Fahrers signalisiert wird", schreibt Beiker.

Bis zum Jahr 2020 wäre nach diesem Szenario zumindest das teilautonome Fahren in der Luxusklasse möglich. Da es aber in der Vergangenheit rund 20 Jahren gedauert hat, bis sich der Wagenbestand einmal erneuert, wäre der Weg zum autonomen Fahren in diesem Szenario sicherlich am längsten.

Revolutionäres Szenario: Und dann macht es einen Knall ...

Ganz anders das revolutionäre Szenario, das von automobilfremden Technologiefirmen angetrieben wird. Es folgt der Idee der „disruptiven Entwicklung", bei der völlig neue Konzepte eine etablierte Branche vollkommen durcheinanderwirbeln. Beiker spekuliert, dass es den Technologiefirmen vielleicht letztendlich darauf ankommt, dass Fahrer in vollautomatisierten Fahrzeugen noch mehr Zeit online verbringen können und die entsprechenden Dienstleistungen konsumieren. Auch seien der Personentransport im Taxi sowie der Warentransport möglicherweise ein erstes Ziel für autonome Systeme: Alle im Internet bestellten Waren könnten so schneller, preisgünstiger und gegebenenfalls auch zuverlässiger zugestellt werden.

In diesem Szenario „könnte noch in dieser Dekade ein Schritt in Richtung höhergradiger Fahrzeugautomatisierung erfolgen, der unter Umständen zu Beginn als klein und sehr begrenzt erscheinen mag (z. B. vollautomatisierte Taxis nur in einem Stadtteil), dessen Umsetzung sich dann allerdings schnell räumlich ausbreitet und an Marktanteil gewinnt", argumentiert Beiker. Auch die Ankündigungen der treibenden Firmen stützten die Vermutung, dass die Einführung höhergradig automatisierter Fahrzeuge noch vor 2020 erfolgen könnte.

Eine derartige zu Beginn lokal begrenzte Einführung der neuen Technik gäbe den IT-Firmen die Möglichkeit, schnell viele Daten zu sammeln. Damit könnte dann der Rollout auf regionaler, dann nationaler und sehr schnell auch auf globaler Ebene folgen. Wie Beiker zu

Recht anmerkt, ist dies inzwischen schon zur klassischen Vorgehensweise von IT-Giganten wie Google, Apple oder Facebook geworden. Der CARS-Direktor hält es für sehr wahrscheinlich, dass die Konzerne auch beim autonomen Fahren so vorgehen könnten, wenn sie denn tatsächlich auf diese Märkte drängen.

Diese begrenzte Einführung hat noch andere Vorteile für Technologiekonzerne: In der Vergangenheit war zu beobachten, dass das neue Produkt durch die fehlende globale Verfügbarkeit noch exklusiver wurde. Sobald es dann breit verfügbar ist, schnellten die Verkaufszahlen nach oben. Klassische Automobilproduzenten könnten eine derartige Strategie kaum wählen, meint Beiker. Für sie sei ein derartiges Vorgehen „eher ungewöhnlich und unter Umständen imageschädigend".

Transformations-Szenario: Zugang statt Besitz

Das dritte „Transformations"-Szenario liegt zwischen diesen beiden Wegen und basiert auf der Idee, dass Menschen künftig nicht mehr am Besitz eines Autos interessiert sind, sondern am Einkauf von Mobilitätslösungen. Wie der Mensch von A nach B kommt – ob mit dem eigenen Auto, mit Bahn, Bus oder autonom von einer Taxiflotte gefahren –, ist zweitrangig: Hauptsache, die Transportleistung ist zuverlässig, bequem, preiswert und im Zweifel auch ökologisch stimmig.

Als Treiber eines derartigen Szenarios identifiziert Beiker „Firmenneugründungen im Hochtechnologiesektor, aber auch Mobilitätsdienstleister, Gemeinden oder Betreiber von Vergnügungsparks oder Ähnlichem". Ihr Ziel sei es, die Vorteile der Individualmobilität wie Unabhängigkeit und Flexibilität mit denen des öffentlichen Personentransports, also Energieeffizienz und Raumökonomie, zu verbinden. So könnten Staus auf dem Weg in die Stadt und in der Stadt vermieden und die verstopften Straßen entlastet werden.

Weil viele der dafür notwendigen Technologien wie Bildverarbeitung, Routenplanung und Objekterkennung bereits großflächig angeboten werden, könnten auch fachfremde Firmen hier tätig werden. Zudem könnten viele verschiedene Neugründungen in jeweils lokal begrenzten Gebieten derartige höhergradig automatisierte Mobilitätskonzepte erproben. „Die verfolgten Konzepte für die Markteinführung sind häufig Angebote für die so genannte ‚erste bzw. letzte Meile', das heißt langsam fahrende und gebietsbeschränkte Fahrzeuge, die das privat genutzte Automobil oder den öffentlichen Personentransport komplementieren", argumentiert Beiker.

Individualisierung des öffentlichen Personentransports

Die Angebote stehen damit in Konkurrenz zum Taxi, sind jedoch für den Nutzer und den Betreiber wahrscheinlich kostengünstiger und komfortabler. Und sie sind innovativ: Sie stellen eine Individualisierung des öffentlichen Personentransports dar. Im Englischen werden derartige Konzepte Automated Mobility-on-Demand (AMOD) genannt.

Beiker hält es für realistisch, dass „bis 2020 verschiedene Einsätze von AMOD in begrenztem Umfang erfolgen werden". Denn aufgrund des von vorneherein begrenzten Einsatzgebietes und der geringen Fahrgeschwindigkeit ergäben sich gegenüber den ersten beiden Szenarien viele Vereinfachungen, die die Realisierung erleichterten.

Und es gibt etliche Interessenten für AMOD von Stadtverwaltungen besonders zugestauter Metropolen über Betreiber von Freizeitparks, Einkaufszentren oder anderen Großeinrichtungen bis hin zu Planern von Events wie der Weltausstellung in Dubai. Gerade weil sie unterschiedliche Interessen haben, könnte das eine Vielzahl unterschiedlicher Umsetzungen begünstigen, die dann wiederum die generelle Implementation der Technik voranbringen.

Dabei könnte dann trotz der Vereinfachung angesichts des eingeschränkten Einsatzgebietes und der geringen Fahrgeschwindigkeit auch für das von der Automobilindustrie verfolgte evolutionäre Einführungsszenario gelernt werden. Denn auch AMOD-Konzepte müssen natürlich mit den anderen Verkehrsteilnehmern interagieren. Sie brauchen Sicherheitskonzepte und müssen Infrastrukturanforderungen genügen. CARS-Direktor Beiker erwartet deshalb, dass der zu Beginn wahrscheinlich begrenzte Einsatzbereich der AMOD „mit der Zeit ausgeweitet wird". Damit würde das in diesem Szenario enthaltene automatisierte Mobilitätskonzept nach und nach auf den öffentlichen Straßenverkehr ausgeweitet und träfe dann dort auf konventionelle und automatisierte Autos.

Diese drei unterschiedlichen Szenarien können nun auf ihre systemischen, technischen, regulatorischen und unternehmensstrategischen Aspekte abgeklopft werden. Alle verfolgen das Ziel, die Sicherheit und Effizienz im Straßenverkehr zu erhöhen und die Mobilität und den Komfort zu steigern.

Dennoch weichen sie teilweise zentral von unserem bisherigen Mobilitätskonzept ab, das sich mit „jedermann, immer, überall" beschreiben lässt. Jeder Führerscheininhaber kann, wann immer er will, in ein Auto steigen und fahren, wo immer er hinwill. Mit den höhergradig auto-

---

Einsatzmöglichkeiten für Fahrroboter je nach Szenario

Diese Übersicht zeigt, wo autonome Fahrzeuge je nach Einsatzgebiet und Automatisierungsgrad genutzt werden könnten.

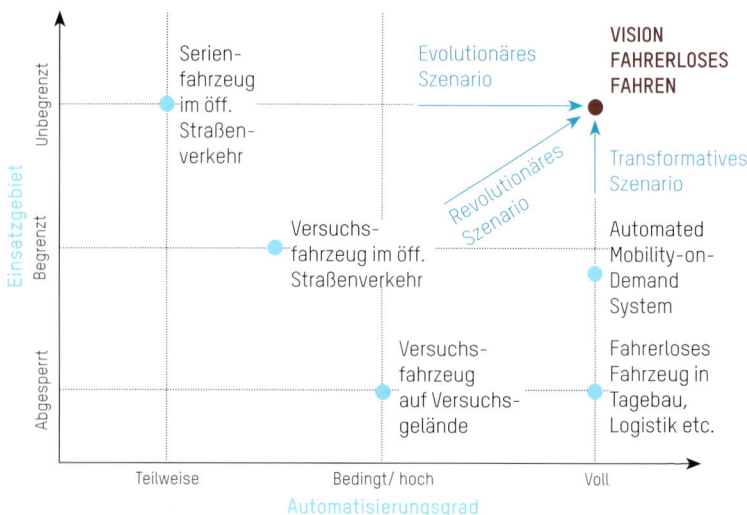

matisierten Fahrzeugen ändert sich das: Je nach Szenario ist entweder die Benutzung eingeschränkt oder sie ist anwendungsspezifisch. Die entscheidenden Variablen sind das Einsatzgebiet und der Automatisierungsgrad. Werden beispielsweise die Fahrassistenzsysteme kontinuierlich weiterentwickelt wie im evolutionären Szenario, kann der Fahrer weiterhin überall fahren, aber eben nur mit niedriger Automatisierung. In den beiden anderen Szenarien kann es sehr schnell zu einem hohen Automatisierungsgrad oder sogar zum vollständig autonomen Fahrroboter kommen – aber eben nur in räumlich sehr begrenzten Einsatzgebieten wie einem besonders gekennzeichneten Stadtteil, einem Freizeitpark, auf einem Versuchsgelände oder in der Fabriklogisitik.

Ein weiterer Anwendungsfall könnten automatisierte Konvois auf Schnellstraßen oder Autobahnen sein. Sie sind vor allem im Gütertransport schon heute im Gespräch. Dabei werden mehrere Einzelfahrzeuge über eine gemeinsame Kommunikationsinfrastruktur zusammengekoppelt. Das erste Fahrzeug wird dann bis auf weiteres von einem professionellen Fahrer gelenkt, die anderen folgen automatisiert. Erst wenn eines oder mehrere Fahrzeuge ausscheren, muss der dortige Fahrer dann wieder aktiv werden.

Auch für die Technik ergeben sich in den drei Szenarien ganz unterschiedliche Anforderungen. Im evolutionären Szenario müssen hochgradig ausfallsichere, wartungsarme und kostengünstige Komponenten zum Einsatz kommen. Bei den Sensoren bedingt das beispielsweise Systeme mit verschiedenen Rückfallebenen: Funktioniert eines nicht, muss sofort das nächste die Aufgaben übernehmen und gegebenenfalls braucht es auch eine dritte und vierte Redundanz-Ebene.

Im transformativen Szenario hingegen kommen hochgenaue und individuell konfigurierbare Spezialsysteme zum Einsatz, die ein Höchstmaß an Automatisierung aufweisen. Es wird sich aller Voraussicht nach je nach Anwendungsgebiet um eine zentral betriebene und professionell gewartete Fahrzeugflotte handeln.

In diesem Fall scheinen auch die regulatorischen Hürden am leichtesten zu überwinden zu sein. Da die Autos räumlich begrenzt im Einsatz sind, kann mit Sonder- und Ausnahmeregeln gearbeitet werden. Auch wird wahrscheinlich nur eine bestimmte Personengruppe je nach Anwendungsbereich Zugang haben, was wiederum die Regelfindung erleichtern könnte.

Im evolutionären Szenario müssen hingegen die derzeit geltenden und seit Jahrzehnten von vielen Ländern akzeptierten Regeln geändert werden. In politisch, wirtschaftlich und gesellschaftlich verflochtenen Räumen wie beispielsweise der Europäischen Union müsste das parallel in verschiedenen Staaten mit jeweils eigener Gesetzgebung passieren.

Allerdings ist auch hier denkbar, dass es Testregionen mit Sonderregeln geben wird. So will Bundesverkehrsminister Alexander Dobrindt die Autobahn A9 unter bestimmten noch zu benennenden Bedingungen als Teststrecke für den automatisierten Verkehr freigeben.

In den USA haben einzelne Bundesstaaten wie Nevada, Florida und Kalifornien ihre jeweilige Gesetzgebung bereits geändert, um den Versuchsbetrieb von autonomen Autos zu ermöglichen. In Japan gibt es bereits einen Regierungsbeschluss, die Automatisierung des Straßenverkehrs als strategisches Ziel zu fördern. Zum Abschluss dieses Kapitels soll dieser Aspekt noch weiter vertieft werden.

Unterschiedliche Branchen als Treiber

Klar ist, dass die drei Szenarien sehr unterschiedliche Branchen als Treiber haben. Während die Automobilindustrie nach jetzigem Stand der Dinge vor allem auf das evolutionäre Szenario zu setzen scheint, scheinen die automobilfremden Technologiefirmen insbesondere am revolutionären Szenario interessiert. Das transformative Szenario begünstigt hingegen Firmenneugründungen in der Hochtechnologie.

Die Gründe für diese unterschiedlichen Positionen sind leicht nachvollziehbar. Die Autokonzerne verfügen bereits über sehr viel Prozesserfahrung bei der Entwicklung neuer Automodelle. Generationen über Generationen neuer Modelle wurden evolutionär entwickelt: Nur sehr selten schaffen es völlige Produktinnovationen, sich dauerhaft am

Markt zu etablieren. Hinzu kommt die Unternehmensgeschichte und das Markenbewusstsein der Firmen: Jeder Marktteilnehmer hat hart für seinen Ruf gearbeitet. Keiner würde ihn für irgendwelche Schnellschüsse oder nicht ausreichend getestete Fahrzeuge in Gefahr bringen.

Das gilt für Firmenneugründungen oder branchenfremde High-Tech-Unternehmen nicht. Im Gegenteil, für sie ist fast schon elementar, mit als wagemutig und besonders innovativ angesehenen Produkten an den Markt zu gehen, bei denen das Scheitern immer von Beginn an einkalkuliert ist. „Diese Firmen gehen kaum das Risiko ein, dass der langwierig entwickelte Unternehmensruf beim Verbraucher geschädigt wird, wenn ein Produkt die Erwartungen am Markt nicht erfüllt", schreibt Beiker.

Wie und wer bringt autonome Fahrzeuge auf den Markt?

Haupttreiber, Ziele und Strategien für die Markteinführung von autonomen Fahrzeugen nach den unterschiedlichen Szenarien.

	EVOLUTION	REVOLUTION	TRANSFORMATION
Hauptbetreiber	Automobilindustrie (Hersteller, Zulieferer)	automobilfremde Technologiefirmen	Firmengründungen in Hochtechnologie
Zielsetzung	Festigung der Marktposition, Steigerung von Sicherheit und Komfort	Erkundung neuer Geschäftsmodelle, Erweiterung des Kerngeschäfts	Schaffung neuer Dienstleistungen für Stadtmobilität
Kompetenz, Eigenarten	Versuch und Absicherung, Produktion, Vertrieb, Marketing/Verkauf, Betrieb, Instandhaltung	künstliche Intelligenz, digitale Karten, öffentlicher Versuch, unkonventionelle Produkte, Online-Dienste, neue Geschäftsmodelle	Bildverarbeitung, Sensortechnologie, neue Produkte und Geschäftsmodelle, schlanke, unkonventionelle Prozesse

Gerade Firmenneugründungen seien oftmals in der Lage beziehungsweise fast gezwungen, „aufgrund der häufig kleinen Unternehmensgröße alternative und damit durchaus innovative Prozesse und Produktlösungen zu entwickeln". Beim autonomen Fahren geht es allerdings um meist sehr hohe Investments – und so stellt sich die Frage, ob Neugründungen über genügend Kapital und auch Ausdauer verfügen, sich dauerhaft am Markt zu etablieren. Viele von ihnen werden deshalb auf Risikokapital angewiesen sein.

Diese Konstellationen begünstigen zumindest aus unternehmensstrategischer Sicht die automobilfremden Technologiefirmen und das von ihnen betriebene revolutionäre Szenario. Sie verfügen einerseits über ausreichendes Kapital und können andererseits neue Prozesse in die Automobilentwicklung einbringen.

Am weitesten im revolutionären Szenario ist zweifelsfrei Google, dessen autonome Autos bereits über 1,6 Millionen Kilometer[25] (Stand März 2015) auf meist kalifornischen Straßen gefahren sind.

Google-Gründer Sergey Brin hatte ursprünglich angekündigt, bereits 2017 mit dem selbstfahrenden Auto in den Massenmarkt zu gehen. Das erscheint aus heutiger Sicht unrealistisch. Der Chef des Google-Self-Driving-Cars-Teams Chris Urmson[26] nennt das Jahr 2020: Dann sei sein Sohn alt genug, den Führerschein zu machen. Doch statt den Sohn ans Steuer zu lassen, wolle er ihm lieber Mobilität ohne Verantwortung zur Verfügung stellen: „Teenager sind fürchterlich schlechte Autofahrer," sagt Urmson.

Das ist das Sicherheitsargument, das im Zusammenhang mit autonomen Autos immer wieder zu hören ist. Es scheint aber auch so, dass heutige Teenager und die noch ein paar Jahre ältere Generation Y, also die nach 1980 Geborenen, andere Ideen in Bezug auf Mobilität haben. Für viele von ihnen ist es wichtiger, das jeweils neueste Smartphone und andere elektronische Geräte zu haben, als ein Auto zu besitzen.

Multimodale Mobilität

Schauen wir uns deshalb unterschiedliche Mobilitätskonzepte an. Bislang wurden in der diesbezüglichen Literatur vor allem zwei Gruppen unterschieden: Personen mit einer ausgeprägten Präferenz für die Nutzung des privaten Pkw einerseits und Personen mit einer Vorliebe für den so genannten „Umweltverbund", also einer Kombination aus öffentlichem Personenverkehr (ÖPV) und Fahrrad- und Fußwegen. Nun aber bildet sich seit einigen Jahren noch die Gruppe der „Multimodalen" heraus.

Das sind Menschen, die „nicht mehr auf ein spezifisches Verkehrsmittel oder einen bestimmten Verkehrsmittelmix ausgerichtet sind, sondern in ihrem persönlichen Repertoire der Verkehrsmittelnutzung eine große Bandbreite aufweisen", schreiben Barbara Lenz[27], Professorin am Deutschen Zentrum für Luft- und Raumfahrt sowie am Institut für Verkehrsforschung in Berlin, und Eva Fraedrich vom Geographischen Institut der Humboldt-Universität.

Beide argumentieren, dass dieser „allmähliche Verhaltenswandel" mit der „Entwicklung neuer Mobilitätskonzepte" zusammenfalle, die zum einen das klassische Carsharing weiterentwickelten, zum anderen etablierte Mitfahrgelegenheiten um neue Formen ergänzten.

Bei den flexiblen Carsharing-Flotten sind beispielsweise Anbieter wie Car2Go, DriveNow oder Multicity zu nennen, die inzwischen nicht nur in deutschen Großstädten, sondern auch in Europa zur Verfügung stehen. In den USA existieren ähnliche Dienstleister. Parallel dazu entwickeln sich so genannte Peer-to-Peer-Angebote, in denen private Fahrzeugbesitzer über eine Internet-Plattform ihr Fahrzeug für eine Mitglieder-Community bereitstellen. Und schließlich etablieren sich laut Lenz und Fraedrich „derzeit auch mehr und mehr Angebote, wie z. B. Uber oder Lyft, bei denen die Unterscheidung zwischen (semi-)professioneller Personenbeförderung, vergleichbar mit einer Taxidienstleistung, und ‚klassischer' Mitfahrgelegenheit nicht immer einfach ist".

Die Autorinnen argumentieren, dass das „Neue und gleichzeitig auch das Besondere an solchen neuen Mobilitätskonzepten" in dem

„hohen Maß an Flexibilität" läge, das die Konzepte den Nutzern böten. Die Fahrzeuge seien „ohne Vorplanung zu einem beliebigen Zeitpunkt und für eine beliebige Dauer" verfügbar. Möglich wurde das durch die Vernetzung von Fahrzeugen und Nutzern mittels der Informationstechnologie. Über das Internet, meist aber über das eigene Smartphone können Nutzer die Dienste einfach und unkompliziert anfordern, die Autos öffnen und nutzen. Auch abgerechnet wird elektronisch und ohne weitere Bemühungen des Nutzers.

Vollautonome Autos würden den Nutzerkomfort noch einmal entscheidend steigern: Denn nun kommt das Auto sogar selbstständig zum Nutzer, wo immer er sich gerade aufhält. Und natürlich würden Fahrroboter den Nutzerkreis um all jene erweitern, die heute in ihrer Mobilität eingeschränkt sind wie Blinde, Menschen mit Handicap oder ältere Menschen.

Carsharing als Killer-App?

Es gebe „eine Reihe von Anzeichen dafür, dass Spontaneität und Flexibilität eine besonders hohe Bedeutung für die Nutzung der neuen Mobilitätskonzepte haben könnte", schreiben Lenz und Fraedrich. Unter anderem aus diesem Grund halten sie Carsharing für die „Kernapplikation" dieser neuen Mobilitätskonzepte.

In Deutschland und zahlreichen anderen Ländern gibt es seit den 1980er-Jahren Carsharing-Angebote. Die beiden Autorinnen verstehen darunter den Betrieb einer Pkw-Flotte, die entweder stationsbasiert oder Punkt-zu-Punkt verfügbar ist und die jeder nutzen kann, der eine gültige Fahrerlaubnis hat und sich bei dem jeweiligen Carsharing-Anbieter hat registrieren lassen.

Lange Jahre war Carsharing stationsbasiert: Die Nutzer mussten im Voraus buchen und dabei auch bestimmen, wie lange sie das Auto entleihen wollten. Dann mussten sie zu der jeweiligen Station kommen und das Auto in der Regel dort auch wieder abgeben. Stationsbasiertes Carsharing war im Jahr 2014 in Deutschland an rund 3900 Stationen und in 380 Städten und Kommunen verfügbar. Rund 7700 Fahrzeuge sind im Einsatz, die von rund 150 Unternehmen betrieben werden. Marktführer mit rund 55 Prozent ist das zur Deutschen Bahn gehörende Unternehmen Flinkster. Weltweit liegt die im Jahr 2000 gegründete Firma Zipcar vorn, die inzwischen zum Mietwagen-Anbieter Avis gehört. Mit einer Flotte von rund 10 000 Wagen ist sie in den USA und Kanada, Großbritannien, Spanien und Österreich unterwegs.

Dieses stationsbasierte Konzept ist inzwischen durch neue Anbieter vollkommen mobil und damit noch flexibler geworden: Ohne vorherige Vereinbarung kann der Nutzer nun ein Auto entleihen, wo immer er eines stehen sieht, und nicht nur so lange nutzen, wie er möchte, sondern auch dort zurückgeben bzw. stehen lassen, wo er möchte. Noch geht das jedoch nur in großen Städten über 500 000 Einwohner und auch dort vor allem in den innerstädtischen Kernzonen.

Der derzeitige Weltmarktführer Car2Go wurde 2009 als Tochterunternehmen des Daimler-Konzerns gegründet und hat auf dem Testmarkt Ulm begonnen. Inzwischen verfügt das Unternehmen über mehr als 13 000 Autos (Stand April 2015) an inzwischen 29 Standorten weltweit. Auch die anderen Autokonzerne sind in die Branche eingestiegen: BMW bietet seit 2011 gemeinsam mit dem Autovermieter Sixt über die gemeinsame Firma Drive-Now derartige Mobilitätsdienstleistungen. Multicity ist ein Gemeinschaftsunternehmen von Citroën mit der Deutschen Bahn und bietet nur elektrische Autos an. Volkswagen ist mit Quicar im Markt.

Als dritte Systemform des Carsharings beginnt sich das Peer-to-Peer-Carsharing zu etablieren: Dabei verleihen Privatpersonen ihre Autos über Internetplattformen wie beispielsweise www.autonetzer.de. Hier finden sich Angebote aus ganz Deutschland, auch aus kleineren Kommunen. Nach der Fusion mit dem Konkurrenten Nachbarschaftsauto finden sich auf der Plattform inzwischen 10 000 Autos, die von 75 000 Menschen (Stand November 2014) genutzt werden.[28]

Wer aber nutzt diese Angebote? Im Jahr 2014 lässt sich das sehr klar abgrenzen: Carsharer sind unter 40, öfter männlich als weiblich und haben sowohl eine höhere Bildung als auch ein höheres Haushaltseinkommen als der Bevölkerungsschnitt. Und sehr viele von ihnen haben Zeitkarten für den öffentlichen Nahverkehr, sie kombinieren also öffentliche Angebote mit dem flexiblen Einsatz eines Personenkraftwagens. So haben 52 Prozent der Flinkster-Kunden in Berlin und 44 Prozent in München eine ÖPNV-Zeitkarte. Bei Drive-Now sind es 43 Prozent in Berlin und 38 Prozent in München. Car2Go hat ermittelt, dass die Hälfte der Nutzer in Köln Zeitkarten für den Nahverkehr hat und 40 Prozent in Stuttgart. Alle diese Werte liegen deutlich über dem Bundesschnitt, der von 33 Prozent für Stadtbewohner ausgeht.

Ganz wesentlich für den Erfolg dieser Carsharing-Modelle ist das mobile Internet und die Möglichkeit, ohne großen Aufwand die jeweiligen Autos zu entleihen. Das geschieht fast immer über die jeweilige App: Sie ermöglicht zunächst die Verortung von Nutzer und Fahrzeug in Echtzeit. Dann kann sich der Nutzer entscheiden, ob er von dem Angebot Gebrauch machen will, und hat dann je nach Anbieter zwischen 15 und 30 Minuten Zeit, um zu dem Auto zu gelangen. Im zweiten Schritt ermöglicht die App dann, das Auto zu öffnen, und ersetzt so den traditionellen Schlüssel.

Theoretisch ist eine derartige Nutzung des Carsharings inzwischen für über die Hälfte der Deutschen möglich. Während es im Jahr 2009 erst knapp 6,5 Millionen Smartphones in Deutschland gab, ist diese Zahl fünf Jahre später auf über 40 Millionen explodiert. Stark steigend ist auch die Nutzung der Geräte: Nur 23 Prozent der Nutzer waren 2012 damit im Internet unterwegs, ein Jahr später waren es schon 41 Prozent. Insbesondere die über 50-Jährigen tragen überproportional zum Wachstum des mobilen Internetkonsums bei.

So ist es kein Wunder, dass „Spontaneität in der Gestaltung der individuellen Mobilität" das wahrscheinlich wichtigste Merkmal der Carsharing-Angebote ist. Bei einer Befragung von Car2Go-Nutzern stimmten 98 Prozent der Aussage zu: „Ich finde an Car2Go attraktiv, dass ich spontan ein Auto nutzen kann, auch wenn ich ohne Auto unterwegs bin." Lenz und Fraedrich schreiben dazu: „Damit wird auch der schnelle Erfolg des flexiblen Carsharing nachvollziehbar, das von der (langen) Vorausplanung, wie sie beim konventionellen stationsbasierten Carsharing notwendig war, entbindet und zumindest mittelfristig auch dem privaten Pkw den bislang geltenden Vorteil der permanenten Verfügbarkeit nehmen könnte."

Allerdings hat die Entwicklung bislang keinerlei Einfluss auf den Verkauf von Autos: Laut Kraftfahrtbundesamt wurde zum 1. Januar 2015 mit 44,4 Millionen Personenkraftwagen[29] ein neuer Rekord registriert. Die Fahrzeugdichte liegt damit bei statistisch 665 Kraftfahrzeugen je 1 000 Einwohner.

Sobald teilweise oder vollständig autonome Autos am Markt zur Verfügung stehen, ist anzunehmen, dass Carsharing noch attraktiver werden wird. Denn der Aufwand des Nutzers für die Beschaffung des Fahrzeugs, die Nutzung und die anschließende Parkierung würden

---

Buchungsintensität von Fahrzeugen im Carsharing
Die Karte zeigt, wie DriveNow-Autos im Münchener Stadtgebiet gebucht werden: Je höher der GIZ-Score, desto mehr Buchungen.

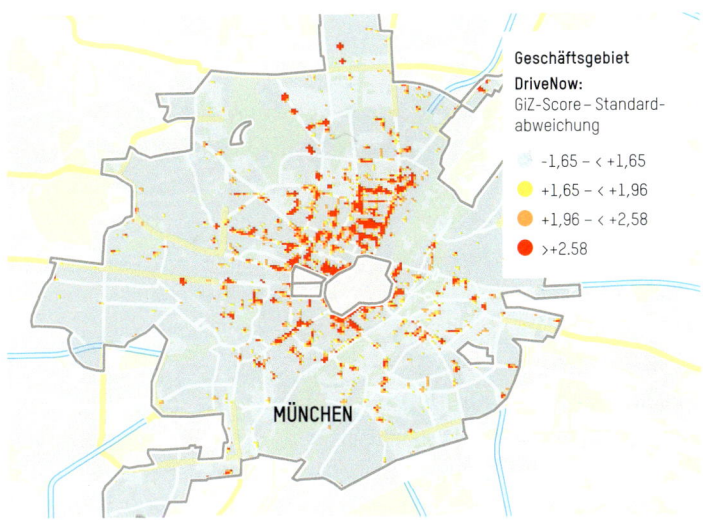

nochmals entscheidend sinken. Für den Nutzer entstünde ein Tür-zu-Tür-Service vergleichbar mit einer Taxifahrt. Im teilautomatisierten Auto würde der Nutzer jedoch die Fahraufgabe noch selbst übernehmen.

Auch für die Betreiber böten sich entscheidende Vorteile: Stationen oder Fahrzeugdepots könnten statt im normalerweise teuren Zentrum gegebenenfalls an preiswerteren Orten entstehen. Allerdings muss dabei eingerechnet werden, dass die weitere Distanz zum potenziellen Kunden auch wieder Aufwand verursacht. Auch stellt die An- und Abfahrt „tote" Zeit dar.

Derzeit sind Carsharing-Fahrzeuge im Laufe eines Tages nur wenige Stunden im Einsatz. So läge die Auslastung bei Drive-Now in München zwischen 62 und 78 Minuten am Tag, schreiben Lenz und Fraedrich: „Damit ist das noch offene Potenzial einer zusätzlichen Auslastung der Fahrzeuge beträchtlich."

Interessant in diesem Kontext ist auch, dass die Auslastung entscheidend davon abhängt, wo die Autos stehen: In den Innenstadt-Hotspots liegt sie um ein Mehrfaches über dem der weiter vom Zentrum abgelegenen Regionen. Könnten die Autos sich also selbstständig von den Randgebieten wieder ins Zentrum bewegen, wäre der Vorteil für Anbieter und Nutzer offensichtlich. Die Auslastung könnte deutlich steigen bis hin zu theoretisch 100 Prozent.

Schon heute können Carsharing-Anbieter vorhersehen, wie sich die Nachfrage nach ihren Autos entwickelt. Siemens hat unlängst eine Mobilitätsplattform namens SiMobility Connect[30] vorgestellt, die mehrere Carsharing-Anbieter, Verkehrsbetriebe, Taxis und Fahrradverleihe miteinander vernetzt. „Die Software sei imstande, die Verfügbarkeit von Carsharing-Fahrzeugen zu einer bestimmten Zeit an einem bestimmten Ort vorherzusagen", heißt es dazu auf „Welt Online".

Renaissance des Sammeltaxis

Ziel ist dabei, den Betreibern und später dann auch den Nutzern alternative Mobilitätsmöglichkeiten zu zeigen, so dass alle Verkehrssysteme aufeinander abgestimmt werden können. In der Wissenschaft werden dafür Begriffe wie „Multimodalität" oder „intermodale Mobilität" benutzt. Wikipedia versteht unter „multimodalem Verkehr"[31] eine „mehrgliedrige Transportkette, bei der die Beförderung von Personen oder der Transport eines Gutes mit zwei oder mehr unterschiedlichen Verkehrsträgern vollzogen wird. Diese Organisationsform wird auch als *gebrochener Verkehr* bezeichnet und steht im Gegensatz zum Direktverkehr *(ungebrochener Verkehr)*."

Lenz und Fraedrich weisen darauf hin, dass autonomes Fahren gerade in diesem Zusammenhang interessante, bislang noch sehr wenig diskutierte Möglichkeiten bietet. So könnten fixe Routenpläne durch flexible Bedienung ergänzt sowie fixe Abfahrtszeiten durch zeitlich optimierte Routenverläufe entsprechend den Anforderungen seitens der Kunden ersetzt werden.

Ein Beispiel dafür ist, wenn jemand mit dem Auto zum Zug oder Flughafen gebracht wird: „Eine Person bringt eine andere mit dem Pkw zum Verkehrsmittel der Hauptstrecke, verabschiedet sich und nimmt dann den Pkw wieder mit, um ihn (in der Regel tagsüber) während der Abwesenheit des oder der anderen nutzen zu können." Dieses „Kiss-and-Ride" entfiele mit autonomen Fahrzeugen. Einen Schritt dahin sehen Lenz und Fraedrich in Angeboten der Carsharing-Firmen, ihre Autos an Flughäfen, Bahnhöfen oder Fernbus-Stationen zu positionieren.

Werde der Zu- und Abgang für die Hauptstrecke mit einem öffentlichen System durchgeführt, gäbe es mittels der autonomen Fahrzeuge die Möglichkeit, wesentlich gezielter auf die Nutzerbedürfnisse einzugehen. Die festen Routen und Abfahrzeiten könnten entfallen, Abholzeiten und Abholorte könnten individuell vereinbart werden. „Wahrscheinlich würde eine größere Flotte kleiner und mittlerer Fahrzeuge für den Zu- und Abgang eingesetzt; das kleinräumige System des öffentlichen Verkehrs würde zu einem System mit einer Vielzahl von Sammeltaxis mit angepasster Kapazität", schreiben Lenz und Fraedrich.

Eine solche Umgestaltung des Systems könnte auch Überlegungen zur Finanzierung der Grundversorgung mit öffentlichem Verkehr neu beleben, argumentieren die beiden. Denkbar wären dabei sowohl ein

„Pay-as-you-drive"-System als auch ein pauschalisiertes, über Steuern und Abgaben pro Kopf finanziertes Angebot an alle Einwohner. Eine hohe Bediendichte würde auch in suburbanen und sogar ländlichen Räumen nach Ansicht der Autorinnen eine flächendeckende Pauschalabgabe rechtfertigen und „könnte dabei eine Maßnahme sein, mit der die Nutzung des privaten Pkws reduziert werden" könne.

Experiment in Stanford: Das Navya

Schon jetzt gibt es diverse Feldversuche, in denen derartige Transportvehikel eingesetzt werden. Eines davon ist das selbstfahrende und individuell abrufbare Personentransportsystem „Navya" der französischen Firma Induct, das von Juli 2013 bis Februar 2014 auf dem Gelände der US-Universität Stanford getestet wurde. Es fährt maximal 40 km/h und kann bis zu acht Personen transportieren. Bei dem Versuch in Stanford wurde die Höchstgeschwindigkeit allerdings auf die Hälfte, also auf 20 km/h, festgelegt.

Wer es benutzen will, fordert das Navya entweder über sein Smartphone an oder kann es über einen Eingabebildschirm an einer festen Haltestelle abrufen. Das offene Fahrzeug sieht ein wenig wie ein überdimensionierter Golfwagen aus und ist offen gebaut: Oberhalb Hüfthöhe der Passagiere gibt es keine geschlossene Beplankung, sondern nur vier Stützen für das Baldachindach. Sitze fehlen, die Fahrgäste können sich an gepolsterten Stützen anlehnen.

Wenn das elektrisch fahrende Navya Gäste aufnehmen will, rollt es selbstständig zur Einstiegsposition und kommt zum Stillstand. Dann werden die Parkbremsen angezogen und die Tür, oder in diesem Fall besser gesagt ein offenes Stahlrohr, geöffnet. Die zu befördernden Passagiere steigen ein und geben über einen Bildschirm im Inneren ihr Fahrziel ein. Daraufhin schließt sich die Tür, die Parkbremse wird gelöst und das Navya rollt los.

Im Notfall können die Fahrgäste das Navya jederzeit über einen Notfallschalter stoppen. Oder sie können über eine installierte Kommunikationsanlage mit dem Betriebspersonal reden, sollte das notwendig sein.

Das Navya ist mit Satellitennavigation, Laser, Kameras, Ultraschall sowie Lenkwinkel- und Raddrehwinkelsensoren ausgestattet. Zum Navigieren nutzt es ein „SLAM" genanntes System: Simultaneous Localization and Mapping. Dazu wird das System zuerst vom Betriebspersonal manuell in dem geplanten Betriebsgebiet gesteuert und die so gewonnenen Daten werden aufgezeichnet und zu einer digitalen und dreidimensionalen Karte verarbeitet.

Die SLAM-Technologie stellt insofern eine „virtuelle Schiene" dar, wie Sven Beikert schreibt[32]: „Was für automatisierte Schienensysteme die physikalische Spurführung, ist für die hier betrachteten Systeme die Satellitennavigation als Referenzsystem in Verbindung mit der Umfelderfassung. Abweichungen zwischen der gespeicherten Repräsentation und der kontinuierlichen Umfelderfassung werden als Hindernisse eingeordnet, die gegebenenfalls eine Änderung der Routen- bzw. Bahnführung erfordern."

Dieses offen gebaute Fahrzeug namens „Navya" der Firma Induct beförderte Menschen auf dem Campus der Stanford University in Kalifornien.

Tauchen Hindernisse auf, die nicht umfahren werden können, stoppt das Navya so lange, bis entweder das Hindernis beseitigt ist oder das Betriebspersonal eine neue Route eingegeben hat. Die Fahrbefehle werden an die elektrifizierten Lenkungs-, Brems- und Antriebssysteme übermittelt. Der Wendekreisdurchmesser beträgt 3,5 Meter.

Um die Kommunikation sicher zu gewährleisten, sind zwei voneinander unabhängige drahtlose Systeme notwendig. Das können beispielsweise ein WLAN-Netz und ein Mobilfunknetz oder auch zwei voneinander unabhängige Mobilfunknetze sein. Allerdings war bei dem Test in Stanford Betriebspersonal unmittelbar im oder am Fahrzeug. Es liegen deshalb noch keine Erfahrungen mit dem Normalfall vor, wenn sich die Bediener nicht im Fahrzeug, sondern weit entfernt in einer Kommunikationszentrale befinden. Dann stellt sich auch die Frage, wie schnell das Bedienpersonal im Notfall bei den Fahrzeugen sein muss. Der Betrieb von Fahrstühlen könnte hierfür Pate stehen, denn auch dort wird über einen Notfallschalter Kontakt aufgenommen und Hilfe angefordert.

In Stanford habe die Öffentlichkeit „sehr positiv" auf das Fahrzeug reagiert, schreibt Beiker. Er führt das auf zwei Hauptursachen zurück. So berichteten die Medien derzeit oft über autonome Fahrzeuge und das in generell positivem Licht. Wenn nun „Menschen unter einem solchen Eindruck zum ersten Mal ein solches Fahrzeug sehen, sind Neugierde, Offenheit und Vertrauensvorschuss vermutlich naheliegende Reaktionen, die immer wieder beobachtet werden können."

Zum anderen trage „der Charakter des hier betrachteten Fahrzeugs zu einer spontanen, positiven Reaktion von Passanten und Betrachtern bei". Das Fahrzeug sei offen gebaut und greife im Design Elemente aus dem Bootsbau auf. „Die Reaktionen von Betrachtern des Fahrzeugs reichen von ‚Landyacht' bis hin zu ‚Whirlpool auf Rädern' – alles positive Assoziationen, die den ersten Eindruck bestimmen."

Und schließlich sei auch die niedrige Geschwindigkeit wichtig, da sie niemanden bedränge: Passanten bekämen den „Eindruck von Sicherheit". Autofahrer fühlten sich „diesem Fahrzeug wahrscheinlich überlegen". Beiker hält die Gestaltung für wichtig: „Es scheint so zu sein, dass der Charakter eines Fahrzeugs ein wichtiger Bestandteil ist, um in der Öffentlichkeit positive Reaktionen zur Fahrzeugautomatisierung auszulösen."

Innovationen auf die Straße bringen

Nur die Größe eines halben Smarts hat der „LUTZ Pathfinder" pod, der bis Ende 2015 in der britischen Stadt Milton Keynes jeweils zwei Passagiere vom Bahnhof in die eine Meile entfernte Innenstadt transportieren soll – und zwar auf Gehwegen und in Fußgängerzonen. Anfang Februar 2015 wurde die Neuentwicklung von der britischen Verkehrsministerin Claire Perry und Vince Cable, Staatssekretär im Wirtschaftsministerium, in Greenwich offiziell vorgestellt.[33] Gebaut wurde er von der RDM Group, die Mobile Robotics Group der Universität von Oxford hat die Sensor- und Navigationstechnik entwickelt.

Verkehrsministerin Perry sagte bei der Premiere: „Fahrerlose Autos sind die Zukunft. Wir sind erst am Anfang, aber heute ist ein wichtiger Schritt. Ich möchte, dass Großbritannien an der Spitze dieser aufregenden neuen Entwicklung ist und diese Technologie annimmt, die unsere Straßen verändern kann."

Im Rahmen des „Autodrive" genannten Regierungsprogrammes sollen außer in Milton Keynes nach und nach 40 der „LUTZ Pathfinder" in britischen Städten[34] eingesetzt werden. Sie werden maximal 15 Meilen pro Stunde schnell sein und sollen acht Stunden bei Elektrobetrieb kontinuierlich laufen können.

In Dubai wurde soeben eine Studie in Auftrag gegeben, wie Fahrroboter bei der Expo 2020 eingesetzt werden könnten. Mattar Al Tayer, der Chef der Roads and Transport Authority (RTA), will noch im Jahr 2015 mit dem Projekt der selbstfahrenden Autos beginnen. Es wird Teil der Innovationsinitiative des Landes sein und soll eine intelligente und umweltschonende Verkehrsführung fördern.

In Deutschland wird auf der Autobahn A9 in Bayern Ende 2015 ein so genanntes „Digitales Testfeld Autobahn" eingerichtet. Bis zur Internationalen Automobilausstellung (IAA) im Herbst 2015 in Frankfurt will Bundesverkehrsminister Alexander Dobrindt Überlegungen vorstellen, wie der Rechtsrahmen so geändert werden kann, dass assistiertes und dann auch autonomes Fahren möglich werden.

Das ist auch auf den Druck der deutschen Automobilindustrie zurückzuführen. „Wir müssen die Politik überzeugen, wie sicher unsere modernen Systeme sind, wozu sie fähig sind und welche Chancen für die Verkehrssicherheit in diesen Entwicklungen stecken", sagten Ralf Herrtwich[35] (Mercedes) und Alejandro Vukotich (Audi) Anfang Januar 2015 „Spiegel Online". Beide sind in ihren jeweiligen Firmen für die Fahrerassistenzsysteme verantwortlich. Und „bei aller Konkurrenz ziehen sie an einem Strang, damit die teuren Entwicklungen eine Chance auf Verwirklichung haben", schreibt „Spiegel Online". „Im Dachverband VDA gibt es schon seit einiger Zeit einen Arbeitskreis, der sich mit dem Thema autonomes Fahren beschäftigt", erläutert Herrtwich. „Wir stehen auch in ständigem Kontakt mit dem zuständigen Ausschuss im Verkehrsministerium."

Problemfall Wiener Konvention

Die Grundsatzfrage ist dabei, ob der Autofahrer die Verantwortung an einen Computer übergeben darf. Nach den Bestimmungen der so genannten „Wiener Konvention" aus dem Jahre 1968 ist das nicht möglich. Der Mensch müsse immer die Kontrolle über die Technik haben und dazu auch im Auto sitzen.

Im Mai 2014 wurde die Wiener Konvention dahingehend verändert, dass Systeme zugelassen sind, bei denen der Fahrer jederzeit wieder die Entscheidungsgewalt hat. Das geschah aufgrund einer gemeinsamen Initiative von Deutschland, Italien, Belgien, Frankreich und Österreich. Autonome Systeme sind nun erlaubt, wenn das System „vom Fahrer abgeschaltet oder überstimmt werden kann", wie Miranda A. Schreurs und Sibyl D. Steuwer[36] schreiben.

Großbritannien und die Vereinigten Staaten von Amerika, aber auch unter anderem Spanien, China und Singapur haben die Wiener

Konvention nicht unterzeichnet. Vor allem die erstgenannten beiden Länder tun sich derzeit deshalb auch um einiges leichter, vor allem den Testbetrieb von autonomen Fahrzeugen zu ermöglichen.

So war Nevada der weltweit erste Bundesstaat, der selbstfahrende Autos auf seine Straßen gelassen hat. Inzwischen gibt es auch in Kalifornien, Michigan, Florida und dem District of Columbia Regeln für fahrerlose Autos. Schreurs und Steuwer schreiben, dass in weiteren sechs Staaten entsprechende Gesetzesinitiativen entweder gerade debattiert werden oder im ersten Durchgang gescheitert seien. Und in einem Dutzend weiterer Staaten sei die Debatte angelaufen.

„Die Gesetzgebung in den Vereinigten Staaten ist in vielerlei Hinsicht auf den Test der autonomen Fahrzeuge ausgerichtet und ist derzeit sehr restriktiv, was ihren Gebrauch angeht", schreiben die beiden. Derzeit wollten weder die Regierung noch die Hersteller große Risiken mit einer Technik eingehen, die sich noch immer am Beginn ihrer Entwicklung befinde und noch beweisen müsse, dass sie zuverlässig und sicher sei. Auch gerieten Fragen des Haftungsrechtes immer mehr ins Zentrum der Debatte. So wolle der Bundesstaat Kalifornien bis Ende 2015 erste Gesetzentwürfe dazu vorlegen.

Schreurs und Steuwer halten die Initiativen von Google in Sachen autonomen Fahrens für den Auslöser der bisher erlassenen Gesetze. Google habe „Bundesstaat für Bundesstaat mit Lobby-Initiativen überzogen, um den Betrieb der selbstfahrenden Autos zu ermöglichen".

Im Mai 2013 hat die „National Highway Safety Administration" (NHTSA) ein offizielles Klassifizierungssystem von 0 (Fahrer ist jederzeit in voller Kontrolle) bis 4 (Roboter überwacht alle sicherheitskritischen Funktionen und den Straßenzustand zu jeder Zeit, es muss kein Fahrer im Auto sein) eingeführt. Eine weitere derartige Standardisierung ist der SAE Standard J3016: Er hat sechs Kategorien von 0 (keine Automation) über 1 (Fahrassistenz), 2 (teilweise Automation) bis zu 5 (volle Automation).

Auch Japan hat sich durch die Google-Vorstöße leiten lassen. Allerdings ist das Land ohnehin seit langem an Automatisierungstechnik und der Entwicklung von Robotern für vielfältigen Einsatz interessiert. Schon 2013 hat der Autokonzern Nissan die Erlaubnis erhalten, eine umgebaute und automatisierte Version seines „Leaf"-Fahrzeuges zu testen. Damit sei der Nissan Leaf das erste elektronische Auto, das autonom fahren könne, schreiben Schreurs und Steuwer. Der Gouverneur der Provinz Kanagawa und der stellvertretende Vorsitzende von Nissan hätten das Auto auf dem Sagawa Expressway in der Nähe von Yokohama getestet. Und Premierminister Shinzo Abe sei ein Fan: „Insbesondere in schwierigen Fahrbedingungen und engen Kurven und beim Wechsel der Fahrspur denke ich, dass unsere japanische Technologie unter den weltbesten ist", zitieren ihn die beiden Autorinnen. Sie argumentieren, dass der Wettbewerb darum, wer die Entwicklung anführt, sich beschleunige. Politiker hätten erkannt, dass dies ihre persönliche Sichtbarkeit erhöhen könne, und bemühten sich, mit dem Thema identifiziert zu werden.

Das gilt ganz offensichtlich auch für Großbritannien, wie das Modellprojekt in Milton Keynes zeigt. Deutlich weiter ist auch Schweden, nach Auffassung von Schreurs und Steuwer „ein früher Pionier der Selbstfahr-Technologie". So hat die schwedische Regierung ein „Memorandum of understanding" mit dem Autohersteller Volvo abgeschlossen, dass „normalen Menschen die Nutzung von selbstfahrenden Autos ermöglicht". In einem Modellprojekt in Zusammenarbeit mit der Stadt Göteborg, dem Lindholmen Science Park und der Schwedischen Transportbehörde sollen bis 2017/18 hundert autonom fahrende Autos auf einem 50 Kilometer langen Straßenabschnitt in Göteborg von „ganz normalen Menschen" gefahren werden. Das Projekt hat 2014 begonnen und dort geht man davon aus, dass ab 2020 die ersten selbstfahrenden Autos für die Allgemeinheit zur Verfügung stehen.

Die Zusammenarbeit zwischen der schwedischen Regierung und Volvo zeigt nach Ansicht von Schreurs und Steuwer, dass die potenzielle Bedeutung dieser neuen Technologie in Schweden politisch anerkannt werde: „Schwedische Politiker heben nicht nur die Sicherheitsaspekte der neuen Technologie hervor, sondern auch andere

Nachhaltigskeitsfaktoren." So zählt die schwedische Infrastrukturministerin Catharina Emsätzer-Svärd neben der Sicherheit auf den Straßen auch Umweltaspekte, den Klimawandel und die bessere, weil intensivere Nutzung von Straßen als Faktoren auf, die vom autonomen Fahren adressiert werden müssten.

Schreurs und Steuwer schreiben, dass derartige Nachhaltigkeitsthemen in der US-amerikanischen Debatte seltener zu finden seien. Für Schweden ist es eindeutig ein Thema, wie ein weiteres Zitat von Ministerin Emsätzer-Svärd zeigt: „Das Projekt ist einzigartig und die Erwartung der schwedischen Regierung ist, dass wir führend in Fragen der Sicherheit der Straßen sind. Wir wissen, dass Sicherheit, aber auch die Fragen der Umwelt und wie angenehm es in unseren Städten zu leben ist, eng miteinander verbunden sind in diesem Projekt."

So sind die Projekt-Volvos auch mit folgender Aufschrift versehen: „Fahr mich. Selbstfahrende Autos für eine nachhaltige Mobilität." Auf den LUTZ Pathfinders im britischen Milton Keynes steht übrigens: „Innovation is Great Britain."

Erst vernetzen, dann warnen

Volvo vernetzt die Autos auch untereinander, um Sicherheitsinformationen für alle zu generieren. So sollen die vernetzten Autos künftig beispielsweise vor Gefahren wie Glatteis warnen können.

Die ersten vernetzten Autos seien bereits in Schweden und Norwegen unterwegs, der Bestand werde auf 1000 Fahrzeuge[37] ausgebaut, zitiert der „Spiegel" Volvo-Technikchef Klas Bendrik. Sie sollen Daten untereinander und mit Behörden austauschen. Anonymisiert, betont Volvo.

Eine andere Anwendungsmöglichkeit ist beispielsweise die Warnung vor Staus: Wenn in mehreren Volvos der Warnblinker eingeschaltet ist, so kann dies als Warnung an nachfolgende Wagen weitergegeben werden. Die Informationen würden nicht direkt von Auto zu Auto, sondern über die Cloud-Server von Volvo übermittelt. „Wir wollten nicht warten, bis es eine branchenweite Lösung gibt", zitiert der „Spiegel" Bendrik im Frühjahr 2015 auf der Mobilfunkmesse Mobile World Congress in Barcelona.

In Deutschland seien mehrere Ministerien mit dem autonomen Fahren befasst, schreiben Schreurs und Steuwer. So werden im Bundesforschungsministerium mehrere Forschungsprojekte gefördert, auch das Wirtschaftsministerium ist involviert. Federführend ist allerdings das Bundesverkehrsministerium, wo es einen regelmäßigen Runden Tisch zum Thema gibt. Dabei tauschen sich Vertreter der Industrie, der Forschung und die Beamten des Ministeriums über die jeweils aktuellen Fragen aus. Auch der Verband der Automobilindustrie (VDA) nimmt nach Ansicht von Schreurs und Steuwer eine treibende Funktion ein: Er habe eine „klare Vision", die er in seinen Veröffentlichungen offensiv vertrete. Zudem wurden bereits mehrere Konferenzen zum Thema organisiert.

Schreurs und Steuwer argumentieren, dass je nach Land unterschiedliche Kernargumente für das autonome Fahren genannt würden. In den USA mit über 30 000 Verkehrstoten jährlich sei es sehr stark das Sicherheitsargument, in Japan mit seiner langen Rezession wäre es die Wettbewerbsfähigkeit. In Schweden ist die Nachhaltigkeit ein Faktor und in Deutschland mit seinen Hightech-Autos die technische Avantgarde der neuen Mobilität.

Die Autorinnen destillieren acht Aspekte als besonders bemerkenswert heraus: So halten sie es für durchaus möglich, dass die regulatorischen Schritte, die die USA unternommen haben, von anderen Staaten nachgemacht werden könnten. Interessant finden sie zweitens, dass eher kleinere Branchen-Akteure wie Volvo und Nissan sowie branchenfremde Firmen wie Google an der Spitze der Bewegung zu stehen scheinen – zumindest im Moment.

Drittens werden autonome Fahrzeuge zwar als hochinnovativ dargestellt, doch nur wenige Politiker machten sich die Sache und das dadurch transferierte Image zu eigen. Ein Grund dafür könnte allerdings auch sein, dass sich derzeit alles noch in einer sehr frühen Experimentalphase befindet. Als weiteres Argument nennen Schreurs und Steuwer die „Null-Unfall-Vision", die in den USA am stärksten sei. In Japan und Europa wäre fünftens der Nachhaltigkeitsaspekt deutlicher ausgeprägt. Sechstens gäbe es noch „viele ungelöste Fragen in Bezug auf Datenschutz, das Rechtssystem, soziale und ethische Fragen und auch, wer für was verantwortlich" sei. Siebtens gäbe es noch kaum Szenarien, wo autonomen Fahrzeugen die zentrale Rolle im Verkehrsgeschehen zugewiesen werde. Und schließlich sei bemerkenswert, dass sich die Rolle der Regierungen derzeit vor allem auf die Technologieförderung beschränken würde.

Diskurs breiter anlegen

Beide Autorinnen empfehlen, den Diskurs breiter anzulegen. Insbesondere sollten auch NGOs und Thinktanks, die sich mit gesellschaftlichen Entwicklungen beschäftigen, miteinbezogen werden. Denn das autonome Fahren wirkt nicht nur auf die Mobilität, sondern auch auf die Frage, wie wir unsere Städte gestalten und künftig darin leben werden. Fahrroboter können mit engerem Abstand auf den Straßen fahren, so dass theoretisch neuer Platz auf den Straßen geschaffen wird – für Fahrräder, Fußgänger oder auch für städtisches Grün. Wenn Fahrroboter uns künftig abholen, müssen sie nicht mehr in direkter Nähe unserer Wohnungen geparkt werden, was ebenfalls neuen Platz freigeben könnte.

Schon diese beiden Punkte werfen viele Fragen auf, für deren Beantwortung der Diskurs über Techniker, Juristen und Politiker ausgeweitet werden muss. Das nächste Kapitel gibt darauf erste Antworten und stellt viele neue Fragen.

KAPITEL III

STADTENTWICKLUNG & VERKEHR

Können autonome Autos den Verkehrskollaps beseitigen?

Grün- statt Fahrstreifen und die neue Lust an der Stadt

Wie wird das sein, wenn wir in unserem Auto künftig arbeiten, Filme schauen oder sogar schlafen können? Wird das Pendeln dann vom Alptraum für viele zum Traum für alle? Kehrt sich der derzeitige Trend zur Rückkehr in die Städte wieder zugunsten der Vorstädte um?

Oder werden die Städte noch attraktiver, weil immer mehr parkende Autos von den Seitenstreifen verschwinden und „on demand" von entfernteren Parksilos angefordert werden können? Werden wir auf eigene Autos im städtischen Raum ganz verzichten, weil autonome Taxis überall verfügbar sein werden?

Autonome Fahrzeuge haben das Potenzial, unsere Innenstädte deutlich zu verändern. Dirk Heinrichs, Professor für Stadtentwicklung und Mobilität an der Technischen Universität Berlin und Leiter der Abteilung „Mobilität und Urbane Stadtentwicklung" am Deutschen Zentrum für Luft- und Raumfahrt (DLR) in Berlin, hat dazu drei grundsätzliche Entwicklungsszenarien für Städte entwickelt. In ihren Grundannahmen sind sie schon heute an verschiedenen Orten weltweit abzusehen.

Da ist zum einen die regenerative und intelligente Stadt, deren Bewohner nachhaltigen Konsum und verantwortlichen Umgang mit

Ressourcen wünschen statt wie früher einen ständigen Zuwachs an ökonomischem Wohlstand. Energie wird dezentral und ökologisch korrekt erzeugt, Mobilität über intelligente Steuerungsmechanismen multimodal ermöglicht. Alles ist vernetzt, technische Systeme für die Steuerung sind akzeptiert. Vollautonomes Fahren ist in diesem Szenario hocherwünscht, weil die Autos so von der Straße in Parksilos verschwinden können und städtischen Raum freigeben.

In der hypermobilen Stadt ist der Entwicklungspfad noch stärker darauf ausgerichtet, den kompletten Verkehr zu vernetzen und zu automatisieren. Hier geht es vor allem darum, dass die Nutzer in jeder Situation online sein können, also auch im Auto und allen anderen Verkehrsmitteln. Das Netzwerk kalkuliert für jeden die optimale Route, Massentaxis ersetzen Busse und bringen die Nutzer zum nächsten Transportmittel für weitere Wege, also beispielsweise zum Zug oder zum Flugzeug.

Umfassende Vernetzung und Optimierung kennzeichnet dieses Szenario, Umweltgesichtspunkte sind nachrangig. Dafür werden Fragen der Datensicherheit bedeutender. Neben stark verdichteten Städten wird auch das Wohnen im Umland wieder attraktiver, weil Pendeln in autonomen Fahrzeugen und optimierten teil- oder vollautomatisierten Transportsystemen wie Massentaxis angenehmer wird.

Als drittes Szenario beschreibt Heinrichs die „endlose Stadt", im Prinzip eine Weiterführung der derzeitigen Zersiedelung im Umfeld vieler globaler Megacitys. Hier setzt sich die oben beschriebene Steuerungstechnik nur teilweise oder nur sehr langsam durch, auch bleibt die Verhaltensänderung im Szenario der regenerativen und intelligenten Stadt aus.

Szenario 1: Die regenerative und intelligente Stadt

Während bei den letzten beiden Szenarien die Zersiedelung der Landschaft weitergeht und die Städte sich immer weiter ausdehnen, ist das Ziel der regenerativen und intelligenten Stadt die Verdichtung. Es sollen mehr Menschen auf der gleichen Stadtfläche besser leben – und

Szenarien für die Stadtentwicklung

Im ersten Szenario wird die „regenerative Stadt" beschrieben, im zweiten die „hypermobile Stadt" und im dritten die „endlose Stadt".

SZENARIO	AUSPRÄGUNGEN AUTON. FAHRENS	STADTSTRUKTUR	TREIBER
Regenerative Stadt	• flexibles, multimodales und vernetztes Verkehrssystem als Rückgrat der städtischen Mobilität • (teil-)autonome Pkw (Autopilot) auf Autobahnen	• Herausbildung von intermodalen Mobilitätsknoten • Reduktion des Flächenverbrauchs für Stellflächen im Stadtraum durch neue Parksysteme	• techn. Entwicklung (im Energiesystem) • bewusster und verantwortlicher Umgang mit Ressourcen • Gesetzgebung und Akzeptanzförderung duch den Staat
Hypermobile Stadt	• hoch integrierte (autononome) Massentaxi-Systeme • autonome Pkw auf Autobahnen mit hohem Transitaufkommen oder Pendlerstrecken auf reservierten guided lanes	• stark verdichtete Innenstädte • Wachstum suburbaner Gebiete geringer Dichte	• zunehmende Akzeptanz von Informations- und Kommunikationstechnologien aufgrund ihrer Vorteile für Lebensstil und Handel • Kooperation von Staat und Privatsektor, um IKT-Technologien zu entwicklen
Endlose Stadt	• autonom. Modell vorherrschend • geringe Integration des öfftl. Verkehrs (gr. Anteil inform. Paratransit-Angebote) • keine nennenswerten Entwicklungen hin zum automatisierten Fahren	• Wachstum suburbaner Gebiete • generelle Abnahme der Siedlungsdichte	• fehlende Steuerungsfähigkeit des Staates • technologische Entwicklung beschränkt auf Effizienzgewinne einzelner Bereiche

besseren Zugang zu noch mehr städtischer Infrastruktur und Stadtfunktionen haben.

Dem Verkehr kommt dabei eine lenkende Wirkung zu: So genannte Mobilitätshubs oder -knoten werden die Stadtstruktur sichtbar verändern. „Multimodale Verkehrsknoten ermöglichen eine physische Vernetzung und einen einfachen Umstieg zwischen verschiedenen Modi wie beispielsweise vom (Elektro-)Auto auf öffentliche Verkehrsmittel", schreibt Heinrichs.[38] Das Szenario gehe sogar noch einen Schritt weiter, indem sich ganze Stadtquartiere rund um diese Mobilitätsknoten organisieren und dort zudem Versorgungsdienstleistungszentren aufgebaut werden. Die automatisierten Fahrzeuge würden dann „als Teil der öffentlichen Fahrzeugflotte" einbezogen.

Der Flächenbedarf für das Parken geht in diesem Szenario deutlich zurück und kann an den Mobilitätsknoten realisiert werden.

Für Heinrichs ist dieses Szenario geprägt „durch die Grundüberzeugung, dass Technologie derzeit existierende bzw. absehbare Probleme (Ressourcenknappheit, Umweltwandel) überwinden wird".

Dazu gehören auch der energetische Umbau von Gebäuden und die zunehmende Nutzung von dezentral erzeugter Energie aus erneuerbaren Quellen. Sie wird über so genannte Microgrids und Peer-to-Peer-Energiesysteme verteilt und geteilt. Wer also beispielsweise auf dem Dach seines Mehrfamilienhauses mehr Strom erzeugt, als dort genutzt werden kann, gibt ihn nicht ans allgemeine Netz ab wie heute, sondern stellt ihn den Nachbarhäusern zur Verfügung – oder den Kühltruhen des Lebensmittelhändlers in der Nachbarschaft. Dazu ist natürlich eine ganz andere Energienetzstruktur als heute notwendig.

Ihr Umbau wird angetrieben von dem Verhaltenswandel der städtischen Bevölkerung hin zu „nachhaltigem Konsum als sehr bewusster und verantwortlicher Umgang mit Ressourcen". Heinrichs erklärt ihn mit dem „in Zukunft stärker werdenden Wunsch der konsumierenden Stadtbevölkerung nach Wohlbefinden und Lebensqualität, die sich anders definiert als ökonomischer Wohlstand". Dazu gehört dann auch eine „energieoptimierte, nachhaltige und zukunftsfähige Mobilität".

Heinrichs geht davon aus, dass die Bedeutung von Städten auch in Zukunft weiter zunimmt. Sie ermöglichen aufgrund ihrer Dichte eine effiziente Ressourcennutzung. Ihre Entscheidungs- und Handlungspotenziale als ökonomische und soziale Zentren werden sich weiter vergrößern, weil sie so attraktiv für immer mehr Menschen sind. Der Wettbewerb zwischen den Städten um mehr Standortqualität führt dann zu innovativen Ansätzen für die Umgestaltung der städtischen Infrastruktur. London ist für Heinrichs ein Beispiel für eine derartige Entwicklung.

In diesem Szenario wird das Verkehrssystem immer „intelligenter" – es wird durchdrungen von Informations- und Kommunikationstechnologie. Am Ende steht ein „persönlicher, mobiler und elektronischer Mobilitätsassistent, der es ermöglicht, alle für die tägliche Mobilität zur Verfügung stehenden Handlungsalternativen abzuwägen und situationsspezifisch optimale Varianten auszuwählen".

In einem flexiblen, multimodalen Verkehrssystem ist der öffentliche Nahverkehr das Rückgrat der Mobilität. Hinzu kommen gut ausgebaute Fuß- und Fahrradwege, deren Anteil am Straßenraum zunimmt. Ergänzend stehen individuell nutzbare Verkehrsmittel wie Fahrräder, E-Bikes, Elektroautos und Elektrotransporter zur Verfügung – „und zwar zeitlich dann und dort, wo und wann der individuelle Bedarf besteht", schreibt Heinrichs: „Diese ‚Sharing'-Angebote auch nach dem Prinzip ‚nutzen statt besitzen' werden von verschiedenen Anbietern auf- und ausgebaut und helfen, die derzeit vom motorisierten Individualverkehr beanspruchte Fläche im öffentlichen Raum stark zu verringern."

Auch in diesem Szenario behält allerdings das eigene Fahrzeug seine Bedeutung. Elektronische Assistenzsysteme ermöglichen eine teilautonome Nutzung wie beispielsweise die Fahrt mit Autopiloten auf Pendlerstrecken. Im Stadtraum können die Stellflächen durch „automatisierte Parkregale, die ein platzsparendes Abstellen von Fahrzeugen" ermöglichen, reduziert werden. Die Stadtquartiere werden um die neuen multimodalen Verkehrsknoten aufgebaut, so dass sich eine polyzentrische Stadtstruktur entwickelt.

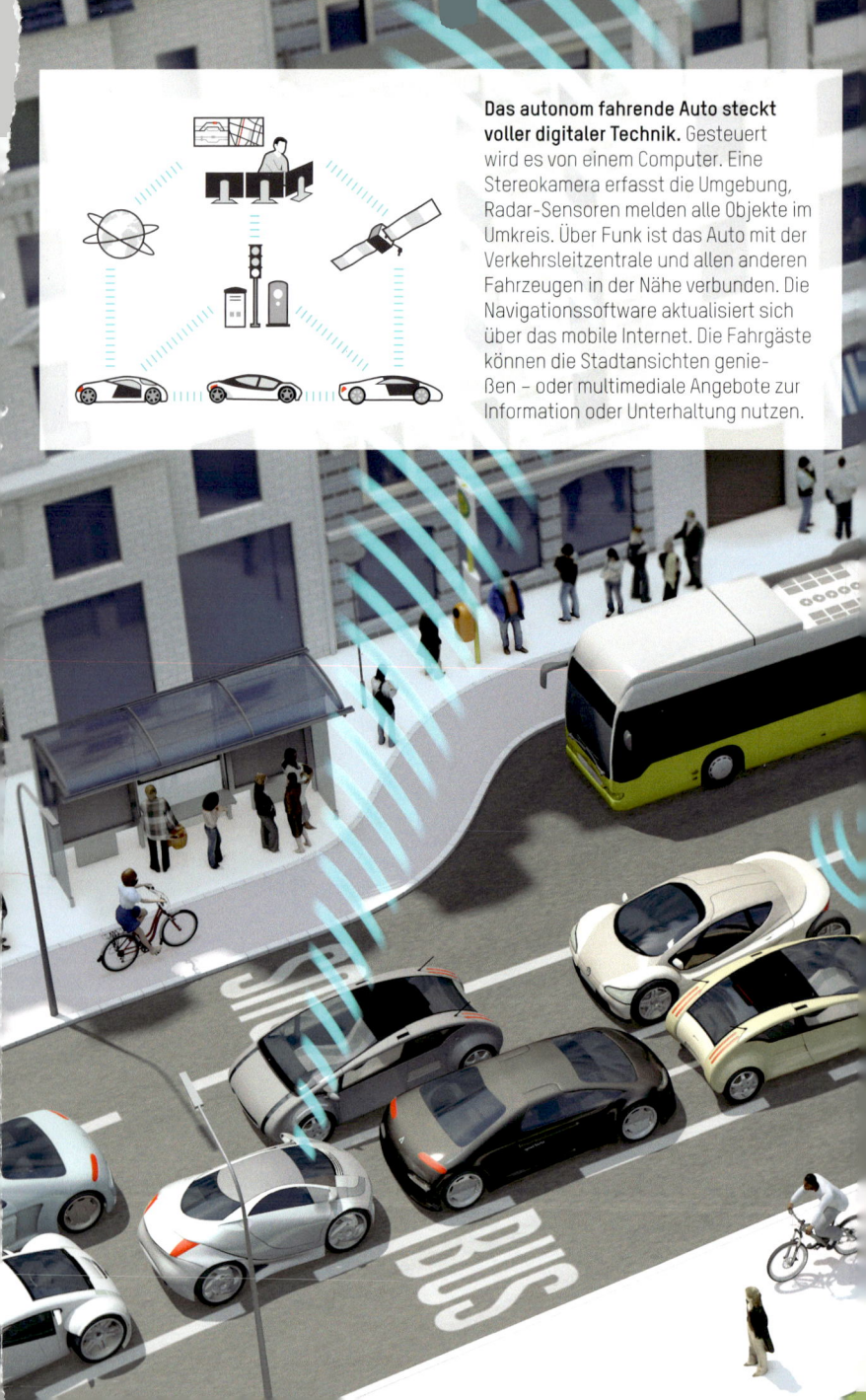

Das autonom fahrende Auto steckt voller digitaler Technik. Gesteuert wird es von einem Computer. Eine Stereokamera erfasst die Umgebung, Radar-Sensoren melden alle Objekte im Umkreis. Über Funk ist das Auto mit der Verkehrsleitzentrale und allen anderen Fahrzeugen in der Nähe verbunden. Die Navigationssoftware aktualisiert sich über das mobile Internet. Die Fahrgäste können die Stadtansichten genießen – oder multimediale Angebote zur Information oder Unterhaltung nutzen.

DIE ZUKUNFT: AUTONOMES FAHREN

Autonome Fahrzeuge haben die Innenstädte erobert. Die Autos sind miteinander und mit der Verkehrsleitzentrale verbunden. So können sie den vorhandenen Platz effizient ausnutzen. Verkehrsschilder sind überflüssig, Ampeln dienen vorrangig zur Information für Fußgänger und Radfahrer. Staus gibt es nicht mehr. Manuell gesteuerte Fahrzeuge würden den Verkehrsfluss stören. Sie sind in der Innenstadt nicht zugelassen.

Der Verkehrsfluss ist ruhig und entspannt. Fußgänger und Radfahrer finden ideale Bedingungen vor.

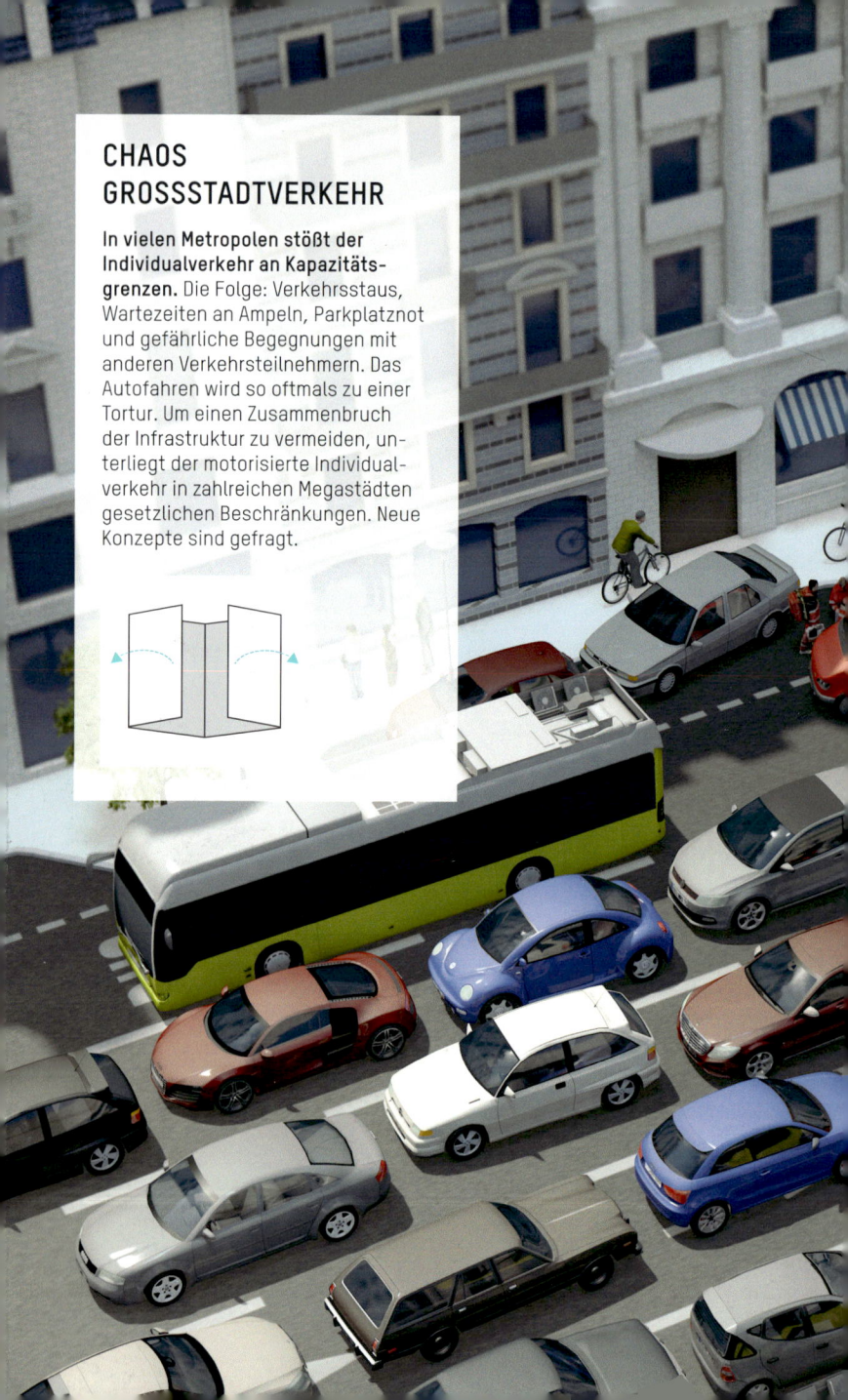

CHAOS GROSSSTADTVERKEHR

In vielen Metropolen stößt der Individualverkehr an Kapazitätsgrenzen. Die Folge: Verkehrsstaus, Wartezeiten an Ampeln, Parkplatznot und gefährliche Begegnungen mit anderen Verkehrsteilnehmern. Das Autofahren wird so oftmals zu einer Tortur. Um einen Zusammenbruch der Infrastruktur zu vermeiden, unterliegt der motorisierte Individualverkehr in zahlreichen Megastädten gesetzlichen Beschränkungen. Neue Konzepte sind gefragt.

Per Tablet-Computer oder Smartphone beordern die Besitzer ihr Fahrzeug zu sich. So lange wartet es in einer Parkgarage in der Nähe. Den Abstellplatz sucht sich das Auto selbstständig, nachdem es seinen Passagier am Ziel abgesetzt hat. Autos, die am Straßenrand parken, sind kaum noch zu sehen.

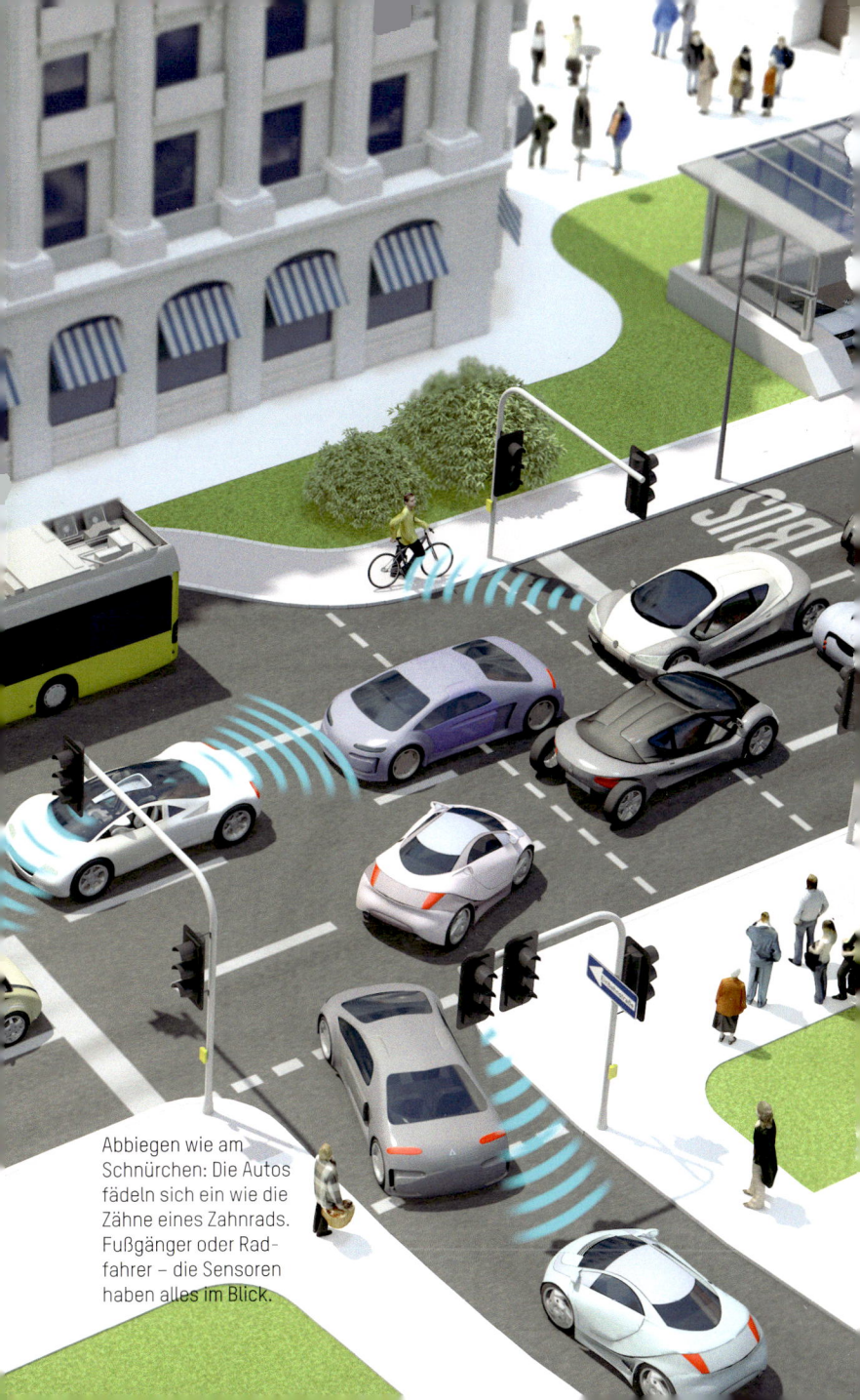

Abbiegen wie am Schnürchen: Die Autos fädeln sich ein wie die Zähne eines Zahnrads. Fußgänger oder Radfahrer – die Sensoren haben alles im Blick.

Szenario 2: Die hypermobile Stadt

In der hypermobilen Stadt wird deutlich weniger Wert auf Ressourcenoptimierung gelegt. Sie basiert auf einer Studie des „Foresight Directorate des UK Office of Science and Technology" und beschreibt eine „Gesellschaft bis in das Jahr 2055, in der kontinuierliche Information, Konsum und Wettbewerb die Norm sind".

Ihr wesentlicher Treiber ist die „Akzeptanz der Entwicklung elektronischer und digitaler Infrastruktur, wie beispielsweise die Nutzung von Kameras für virtuellen Austausch oder von persönlichen Informationsassistenten". Die Menschen in dieser Stadt der Zukunft sind „always on", also ständig mit dem Netz verbunden. Fragen des Datenschutzes und der Privatsphäre werden zwar thematisiert, letztlich aber „aufgrund des Wertes der elektronischen Assistenten für die Nutzer an die Seite gedrängt".

In diesem Szenario sollen integrierte Massentaxi-Systeme den öffentlichen Nahverkehr weitgehend ersetzen. Sie „übernehmen das effiziente Abholen und Verteilen von Fahrgästen in Zustiegszonen". Sie werden mithilfe der persönlichen Assistenten angefordert. Der Mensch muss also gar nicht selbst tätig werden: Sein Assistent bemerkt beispielsweise, dass der Termin zu Ende geht und bestellt das Massentaxi selbstständig. „Das Netzwerk kalkuliert die effizienteste Route, auch für das Abholen und Absetzen von mehreren Passagieren, und berechnet den Fahrpreis." Ein derartiges Schwarm-Netzwerk verfügt über riesige Datenmengen der jeweiligen Verkehrslage und Nachfragepositionen. So können die Fahrzeuge ihre Route kontinuierlich anpassen. Auch die Passagiere können jedes Fahrzeug nutzen, statt auf eine bestimmte Linie warten zu müssen.

Auf Langstrecken werden in diesem Szenario autonome Fahrzeuge eingesetzt, die dann auch auf bestimmten, für sie reservierten Spuren fahren dürfen. „Diese Fahrzeuge sind ausgestattet mit einer ‚on-board-driverless-unit', welche mit automatisierten Systemen entlang der Autobahn sowie wesentlichen Pendlerrouten kommunizieren. In dieser Form entstehen Züge automatisch kontrollierter Fahrzeuge, welche mit hoher Geschwindigkeit eng zusammen fahren."

Szenario 3: Die endlose Stadt

Im dritten Szenario, in der endlosen Stadt, wird die heutige Entwicklung in den so genannten Mega-Citys fortgeschrieben: „Technologische Entwicklung findet zwar statt, ist aber vornehmlich auf Effizienzgewinne einzelner Bereiche (Verbrennungsmotoren, Solarenergie) beschränkt", schreibt Heinrichs. Die Steuerungsmöglichkeiten der jeweiligen Regierungen werden als gering eingeschätzt, ein Verhaltenswandel ist nicht bemerkbar. Dies führt zu einer ungebremsten und auch oftmals unstrukturierten weiteren Ausdehnung der Stadtfläche ins Umland, die weiterhin vom Auto als Individualverkehr geprägt ist. Diese Städte sind durch „eine niedrige Dichte und fragmentierte Siedlungsstrukturen" gekennzeichnet.

Diese Szenarien zeigen laut Heinrichs die Bandbreite der Entwicklungsoptionen: „Zum einen beschreiben sie die Entwicklung eines autonomen Privatfahrzeugs, welches je nach Szenario ‚bordautonom' durch einen Autopiloten gesteuert wird oder durch Fahrzeug-Infrastruktur-Kommunikation in den Verkehrsfluss eingebunden ist. Zum anderen sehen die Szenarien das autonome Fahren als integrierten Teil des öffentlichen Verkehrsangebots."

Heinrichs geht davon aus, dass die Wirkung auf die jeweilige Stadtstruktur je nach Ausprägung des autonomen Verkehrssystems sehr unterschiedlich sein wird.

Beim autonomen Privatfahrzeug wird die zukünftige Nutzung weitgehend mit der jetzigen übereinstimmen, den bisherigen Fahrer aber von für ihn lästigen Fahraufgaben entlasten. Er oder sie kann am „Laptop arbeiten, essen, ein Buch lesen, einen Film anschauen". Das Fahrzeug fährt derweil und kann den Passagier auch abholen und am Ziel abliefern und sich dann selbstständig einen Parkplatz suchen. Dies wird die Anforderungen an Parkraum verändern und könnte auch die Attraktivität unterschiedlicher Wohnstandorte beeinflussen.

In verdichteten Städten würde es sich anbieten, Sammelgaragen an Stellen zu bauen, wo Grund und Boden preiswerter sind und reichlicher verfügbar. Statt Rampen und Fahrgassen könnten Fahrschächte und Fördereinrichtungen benutzt werden. Auch die Geschosshöhen könnten sinken, die Autos deutlich dichter geparkt werden. Bei Einsatz von Parkrobotern gehen die Entwickler laut Heinrichs „von bis zu 60 % mehr Parkplätzen auf gleicher Fläche aus".

Das wird bereits heute ausprobiert. Seit Ende Juni 2014 arbeitet der Parkroboter „Ray" im Parkhaus P3 des Düsseldorfer Flughafens.[39] Wer sich im Internet registriert hat, sein Kfz-Kennzeichen und seine Kreditkarte sowie die voraussichtliche Parkdauer eingegeben hat, fährt einfach in eine Parkbox und stellt sein Auto ab. Dann wird es per Laser gescannt und das fahrerlose Transportsystem hebt den Wagen an und bringt ihn an seine finale Parkposition. Bei der Rückkehr reicht ein Click mit dem Smartphone und schon steht das Auto in Ausfahrtrichtung wieder zum Einsteigen bereit.

Entwickelt hat das System die bayerische Firma Serva Transport Systems GmbH. Es ist inzwischen auch bei Audi im Werk Ingolstadt im Einsatz, wo zwei Ray-Roboter die Autos nach der Produktion selbstständig auf eine Zwischenfläche fahren. Wie Audi im Frühjahr 2015 mitgeteilt hat[40], würde der „erste Industrieeinsatz" des Systems vorbereitet. Der Produktionsvorstand Hubert Waltl wird damit zitiert, dass Audi durch „den autonomen Transport unserer Automobile" den Mitarbeitern „lange Laufwege ersparen und die Ergonomie ihrer Arbeit verbessern" könnte. Zudem hätten „Systeme wie dieses das Potenzial, die Effizienz unserer Abläufe entscheidend zu steigern".

Angesichts derart positiver Beurteilungen dürfte die Weiterentwicklung hin zu wirklich autonomen Autos, die selbstständig einparken statt von einem Transportroboter wie Ray „huckepack" genommen zu werden, auf große Nachfrage stoßen. Der Reifenhersteller Continental hat beispielsweise schon Ende 2013 ein Video veröffentlicht, das ein Auto beim autonomen Einparken im Parkhaus zeigt.[41] Volkswagen zeigt im Internet mehrere Videos seines „Park Assist"-Systems, das auch in Parklücken an der Straße selbstständig einparken kann.[42] In einem davon wird sogar der Streit zwischen „Marko" und „Patricia" entschärft, weil er ihr vorwirft, nicht einparken zu können. Da zieht sie den Joker und aktiviert den Park Assist – und die Beziehung ist gerettet.[43]

Heinrichs geht davon aus, dass sich diese Art zu parken zuerst in hochverdichteten innerstädtischen Flächen durchsetzen wird. Besonders Dienstleistungs- und Einkaufszentren, neue Gewerbegebiete mit hoher Zahl an Beschäftigten und eben auch die Mobilitätsknoten kommen dafür in Frage.

Mehr Roboter, mehr Pendler?

Durchaus denkbar ist, dass autonomes Fahren auch Wohngebiete am Stadtrand wieder attraktiver machen könnte. Nachdem es in der zweiten Hälfte des vergangenen Jahrhunderts zu einem starken Zuzug dort gekommen ist, kehren sich die Vorlieben seit einigen Jahren wieder zugunsten der Innenstädte um – auch wegen der enormen Stauzeiten, die viele Pendler in Kauf nehmen müssen. Wenn sie mit Fahrrobotern aber diese Zeit nun quasi für Dinge ihrer Wahl „geschenkt" bekommen, könnte das Wohnen im Grünen wieder interessanter werden.

Wie Heinrichs schreibt, arbeiten etwa 60 Prozent aller sozialversicherungspflichtigen Beschäftigten in Deutschland – und damit rund 17 Millionen Menschen – nicht in der Gemeinde, in der sie wohnen. Sie brauchen im Schnitt eine halbe Stunde, um zu ihrem Arbeitsort zu kommen. Zwei Drittel dieser Wege werden mit dem Auto zurückgelegt. In den USA sind es sogar 86 Prozent. „Autonomes Fahren könnte diesen Trend und die Bereitschaft zur Inkaufnahme längerer Pendel-Arbeitswege weiter fördern", argumentiert Heinrichs. Weil die Pendelzeit nun anderweitig genutzt werden könne, werde sie nicht mehr als „Zwang oder Zeitverlust" empfunden. Die Fahrzeiten ließen sich verkürzen, wenn autonome Fahrzeuge auf den Straßen dominieren und in engeren Abständen fahren, weniger Staus produzieren und Kreuzungen schneller passieren wie von ihren Entwicklern vorhergesagt. Schließlich entfiele die Zeit für die Parkplatzsuche, weil das Auto den Passagier direkt vor dem Ziel abliefert, sich danach selbst einen Parkplatz sucht und einparkt.

Die zweite mögliche Entwicklung ist der Einsatz von autonomen Taxis, die den öffentlichen Nahverkehr ergänzen und/oder ersetzen.

Anders als die heutigen Busse und Bahnen würden sie nicht auf festen Routen und nach starren Fahrplänen operieren, sondern bedarfsorientiert und flexibel. Heinrichs schildert das so: „Sie sind im permanenten Fahrbetrieb und verkehren in einem stadtweiten, dichten Netz von Stationen. Die Funktionsweise ähnelt dem Aufruf-Sammeltaxi. Das Stadtgebiet ist in Zellen aufgeteilt. Zu jeder Zelle gehören eine oder eine Reihe von zentralen Aus- und Zustiegsstationen, so genannten ‚central transit points'."

Durchaus denkbar sei, dass diese Taxis mit dem schienengebundenen öffentlichen Nahverkehr kombiniert werden und die so genannte „letzte Meile" übernehmen – also den Transport vom Bahnhof zum eigentlichen Ziel.

Kommen autonome Taxis zum Einsatz, würde sich die notwendige Zahl der Parkplätze reduzieren. Denn die Wagen wären optimalerweise im Dauereinsatz und würden sich sofort zum nächsten Transportgast bewegen, nachdem sie den letzten abgesetzt haben. Erforderlich wäre allerdings die „Einrichtung dezentraler Depots für das Reinigen, die Wartung, Tanken/Laden oder Reparatur der eingesetzten Fahrzeuge".

Heinrichs erwartet, dass der permanent verfügbare Einsatz einer solchen Taxiflotte auch das „car sharing" und möglicherweise auch ein dynamisches „ride sharing" erhöhen würde, „da es spontanes und minuten- bzw. entfernungsgenaues Mieten eines Fahrzeugs für die Tür-zu-Tür-Fahrt ermöglicht". Derartige Systeme würden wohl „Fahrzeugbesitz und -nutzung spürbar verändern". Auch eine Steigerung des Besetzungsgrades der Autonutzung sei denkbar.

Der Zweitwagen vor dem Aus?

Wer im Einzugsbereich eines solchen Mobility-on-Demand-Angebotes lebt, könnte gegebenenfalls sein Auto abschaffen. Heinrichs berichtet, dass sich US-Amerikaner derzeit vorstellen könnten, „ihren Zweitwagen bei Verfügbarkeit eines solchen Systems mit Direktabholung vor der Haustür abzuschaffen". Dadurch würde sich dann auch der Stellplatzbedarf des ruhenden Verkehrs verringern: „Dies könnte so weit gehen, dass der ruhende Verkehr weitgehend entfällt zugunsten multifunktionaler Wegflächen. Diese Flächen könnten breiter als bisherige und geteilt sein in einen befahrbaren Raum für Fahrräder und elektrisch unterstützte Mikrofahrzeuge mit Geschwindigkeiten bis etwa 30 km/h und einer Fahrbahn für schwerere und schnellere Fahrzeuge."

Auch würde der städtische Raum durch die „Einrichtung von Aus- und Zustiegsstationen" bereichert. Dort würden dann die Mobilitätsknoten entstehen, wahrscheinlich auch mit weiteren Dienstleistungsangeboten.

Ausgehend von diesen Szenarien stellt sich Heinrichs die Frage nach den wesentlichen Treibern für die Entwicklung eines Verkehrssystems mit automatisierten Fahrzeugen in den Städten. Die wichtigsten Faktoren sieht er bei neuen „Entwicklungen im Bereich der Informations- und Kommunikationstechnologie, der elektronischen und digitalen Infrastruktur, des Datenmanagements und der künstlichen Intelligenz".

Dringend notwendig seien allerdings auch die „Steuerungskapazitäten des Staates": Er müsse mit dem Privatsektor für die Entwicklung der Verkehrssysteme kooperieren. Dies müsse durch neue Gesetze flankiert werden, die „Zulassung, Haftungsrecht und Versicherungswesen sowie ein Akzeptanz schaffendes Konzept zu den Themen Datenmanagement und Standardisierung von Daten (Open Source, Schnittstellenkompatibilität, Datenschutz und Sicherheit)" regeln.

Die so mögliche „kosteneffiziente Nutzung und Aufwertung des städtischen Raumes" könnte die Automatisierung positiv beeinflussen, argumentiert Heinrichs. So würden Parkflächen reduziert, der Stadtrand sowie das Umland könnten weiter aufgewertet werden.

Möglich ist allerdings auch, dass es zu so genannten „Rebound"-Effekten kommt: Weil die Nutzer Zeit sparen und preiswerter mobil sein können, könnten sie ihre Nachfrage nach Mobilität steigern. Dann würde der Verkehr weiter deutlich zunehmen und mögliche Einspareffekte durch autonome Fahrzeuge reduzieren oder gar zunichtemachen.

Auch die Frage der Kosten ist noch völlig ungeklärt. Heinrichs schreibt, dass die von ihm entwickelten Szenarien auf diesen Punkt nicht plausibel eingehen würden, sondern lediglich mit der Annahme arbeiteten, „dass die Mobilität auch in Zukunft weiter bezahlbar sein wird". Die Anschaffungskosten für autonome Fahrzeuge und die Investitionen in die Infrastruktur dürften sich allerdings zumindest anfangs zu hohen Beträgen summieren.

Aus all diesen Aspekten folge „eine hohe Planungsunsicherheit für kommunale und regionale Akteure der Politik, der Verwaltungen, Verkehrsbetreiber sowie der Immobilienwirtschaft". Ein weiteres Handicap kommt hinzu: Die vollen Vorteile des autonomen Fahrens werden erst dann sichtbar werden, wenn der Großteil der Fahrzeuge vom Computer gesteuert wird. Bis dahin „dürften Verkehrsdichten nicht signifikant steigen, die Planbarkeit von Trips sich nicht verbessern, der Parkbedarf sich nicht wesentlich reduzieren und könnten Straßenquerschnitte nicht verringert werden".

Knackpunkt Automatisierung

So zeigt sich, dass die „Automatisierung der Verkehrssysteme" von „großer Relevanz für Stadtplanung und -entwicklung und die hierfür entwickelten Leitbilder und Ziele" ist. Bislang gibt es dafür mehr offene Fragen als Antworten. Heinrichs stellt die wichtigsten wie folgt: Inwieweit und unter welchen Voraussetzungen kann ein Verkehrssystem mit autonomen Fahrzeugen zur Realisierung derzeit gültiger Modelle wie der dichten und kompakten Stadt beitragen? Oder verknüpft sich damit die Aussicht auf die Rückkehr zur autogerechten Stadt? In welcher Beziehung stehen städtebauliche Elemente zur Strukturierung des autonomen Verkehrs zu den Anforderungen einer allenthalben propagierten Fußgänger-, Rad- und Bahnstadt? Bedarf es unter dem Einfluss des automatisierten Fahrens der Formulierung grundlegend anderer bzw. neuer Leitbilder zur Entwicklung von Städten?

Auch der Verkehrsplaner Konrad Rothfuchs dringt darauf, dass diese Diskussionen nun beginnen müssen. Um in 20 bis 25 Jahren „deutliche Verbesserungen für Fußgänger und Radfahrer" zu ermöglichen, „ohne dass die heutige Kfz-Nutzung deutlich zurückgedrängt werden" müsse, sollten die Planungen nun beginnen, sagte der Vorsitzende des Koordinierungsausschusses der Bundesvereinigung der Straßenbau- und Verkehrsingenieure (BSVI) „Spiegel Online".[44] Der Forscher erwartet, dass autonomes Fahren bis dahin durch den Kapazitätsgewinn den Rückbau von mehrstreifigen Straßen in den Innenstädten ermöglicht.

So könnte eine sechsspurige Straße beispielsweise die äußersten beiden Fahrspuren für Fahrradwege abgeben, weil vier Spuren für den Autoverkehr ausreichen. Rothfuchs kann sich sehr gut vorstellen, dass es dann spezielle Spuren gibt, die nur autonomen Fahrzeugen vorbehalten sind, beispielsweise die beiden inneren Spuren. Dort könnten die Fahrroboter dann dichter und gegebenenfalls auch schneller fahren, während an den beiden äußeren Fahrspuren noch konventionelle Fahrzeuge unterwegs sind.

Rothfuchs erinnert daran, dass bei Planung dieser Straßen in den 1950er-Jahren von einer Kapazität von 800 Fahrzeugen pro Spur ausgegangen worden sei. Nun liege der Verkehr bei 1 800 bis 2 200 Fahrzeugen: „Die europäische Stadt besitzt traditionell eigentlich einen menschlichen Maßstab, den wir wieder mehr herausstellen müssen. Das ist schon daran zu erkennen, dass sich heute viele Gebäudeeingänge von den Hauptverkehrsstraßen abwenden. Es gibt dort kein Leben, keine Cafés, wie auch?"

Weil der Fahrspaß in zu gestauten Innenstädten ohnehin abnehme, geht der Verkehrsplaner davon aus, dass autonome Fahrzeuge gut angenommen würden: „In 80 Prozent der Situationen ist der Fahrer bereits heute nicht mehr selbstbestimmt. Im Stau will ich telefonieren, aufs Smartphone gucken oder arbeiten. Es ist doch nervig, im Schritttempo dem anderen Auto zu folgen. Und im Zweifel entscheide ich mich stets für die falsche Spur – wie an der Einkaufskasse im Supermarkt."

Kapazitätsgewinne für Rückbau der Straßen nutzen
Rothfuchs appelliert deshalb an Planer, Politiker und die Wirtschaft, die Kapazitätsgewinne durch autonomes Fahren dann auch tatsächlich für den Rückbau der Straßen zu nutzen. Er erwartet, dass es im

städtischen Verkehr zu Reduktionen von bis zu 20 Prozent kommen könnte, was in etwa der Situation in den Sommerferien entspräche.

Genauere Zahlen hat Bernhard Friedrich errechnet, Professor am Institut für Verkehr und Stadtbauwesen der Technischen Universität Braunschweig. Er ermittelt mit mathematischen Modellen, wie viel mehr Autos und Lastkraftwagen auf den Straßen fahren könnten.

Eine der Grundannahmen von autonomem Fahren ist, dass sich die Kapazität der Straßen dadurch erhöht: Im städtischen Verkehr könnte beispielsweise der Park-Such-Verkehr entfallen, wenn selbstfahrende Autos ihre Nutzer einfach abholen, wieder absetzen und dann entweder den nächsten Nutzer transportieren oder sich selbst zu Parksilos bewegen. Auch Ampelsituationen verändern sich durch autonomes Fahren. Im Fernverkehr hingegen könnten selbstfahrende Autos und Lastkraftwagen zum einen in engeren Abständen fahren, zum anderen mit Staus anders umgehen.

Dazu müssen Annahmen über die Verkehrsdichte getroffen werden. Es gilt die Faustregel, „dass der Sicherheitsabstand in Metern, den ein Fahrer zum vorausfahrenden Fahrzeug einhalten soll, den halben Wert der aktuellen Geschwindigkeit in Kilometern pro Stunde beträgt"[45]. Diese allgemeine Regel des „halben Tachoabstandes" gehe von einer Reaktionszeit aus, die kleiner als 1,8 Sekunden sei. Für Lastwagen schreibt die Straßenverkehrsordnung bei Geschwindigkeiten über 50 km/h einen Mindestabstand von 50 Metern vor. Das führt zu einer Zeitlücke von 2,25 Sekunden zwischen den Fahrzeugen.

Ausgehend davon errechnet Friedrich die Kapazität eines Fahrstreifens mit „etwa 2000 Fahrzeugen pro Stunde". Dies gelte gleichermaßen für Landstraßen und Autobahnen. In der Realität würden diese Abstände jedoch nicht eingehalten: Bei hoher Verkehrsdichte läge der Abstand nur bei rund einer Sekunde. 15 Prozent der Autos, also jeder sechste Wagen, hält sogar nur einen Abstand von unter 0,5 Sekunden, also einem Drittel des empfohlenen Wertes.

Dadurch kommt es zu Verkehrsdichten, die deutlich über den 2000 Fahrzeugen pro Fahrstreifen pro Stunde liegen. Es gibt laut Friedrich keinen exakten Wert, „bis zu dem der Verkehrsfluss immer stabil verläuft und genau dann zusammenbricht, wenn dieser Wert überschritten wird".

Langsamer nach dem Stau

Kommt es dann allerdings zu einem Stau, läuft der Verkehr danach mit größeren Abständen weiter. Die Wissenschaft nennt dieses Verhalten den so genannten „capacity drop": Die Fahrer halten „beim Verlassen der stromabwärtigen Staufront einen größeren Abstand" ein als „zuvor im fließenden Verkehr vor dem Zusammenbruch".

Grundsätzlich ist die Effizienz des Verkehrssystems abhängig von der Kapazität einer Verkehrsanlage und natürlich von den Reaktionen der Fahrer. Friedrich schreibt, dass für den Verkehrsfluss „entweder die

---

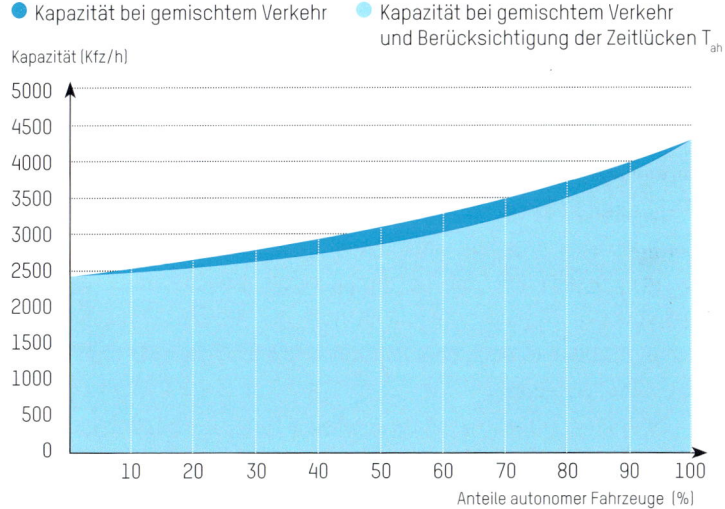

Mehr Platz auf den Straßen durch autonome Autos

Kapazitätszuwachs eines Fahrstreifens in Abhängigkeit vom Anteil der Fahrroboter und der Zeitlücken zwischen den Fahrzeugen.

● Kapazität bei gemischtem Verkehr ● Kapazität bei gemischtem Verkehr und Berücksichtigung der Zeitlücken T_{ah}

Kapazität der Streckenabschnitte oder der Knotenpunkte maßgebend" seien. Innerstädtisch geht es also vor allem um die Kreuzungen. Auf der Autobahn oder Bundes- und Landstraßen kommt es hingegen auf die Streckenabschnitte, also die „Kapazitäten freier Strecken", an.

Bei autonomen Fahrzeugen kann der Abstand verringert werden. Wissenschaftler nennen das die „Folgezeitlücke". Friedrich hält in seinen Simulationen für freie Streckenabschnitte eine Folgezeitlücke von einer halben Sekunde für ausreichend. Dies würde heute in 20 Prozent der Fahrbewegungen erreicht: „Insofern scheint dieser Abstand akzeptabel, sofern aus technischer Sicht die Sicherheit gewährleistet ist."

Damit könnten künftig statt wie heute 2200 Fahrzeuge in der Stunde bis zu 3900 Fahrzeuge auf einem Streifen fahren, wenn der Verkehr ausschließlich mit autonomen Kraftfahrzeugen stattfinden würde.

Bei Lastwagen wäre es ähnlich: „Für einen auf deutschen Autobahnen typischen Lkw-Anteil von 15 % würde sich dann eine Kapazität von etwa 3877 Kfz/h und damit nahezu der doppelte Wert gegenüber heute empirisch nachgewiesenen Kapazitäten einstellen."

Für gemischten Verkehr, also autonome und nicht-autonome Fahrzeuge, ist die Steigerung allerdings geringer. Ein Grund dafür ist, „dass autonome Fahrzeuge einen zusätzlichen Abstand auf ein von einem menschlichen Fahrer gelenktes Fahrzeug lassen sollten, um diesen Fahrer nicht zu bedrängen". Für diesen Fall liegt die Kapazität des Fahrstreifens bei Pkws bei 2850 Kfz/h, wenn die Hälfte der Autos autonom gesteuert wird, und steigt dann auf 4300 Kfz/h an, wenn alle autonom fahren.

Ein weiterer entscheidender Punkt ist die so genannte „Stabilität" des Verkehrsablaufes: Sie beschreibt beispielsweise, unter welchen Umständen und Wahrscheinlichkeiten der Verkehr zum Erliegen kommt und wie es nach dem „Zusammenbruch", also der Stau-Situation, dann weitergeht.

Friedrich argumentiert, dass autonome Autos dieses Problem weitgehend lösen könnten: „Autonome Fahrzeuge werden, insbesondere wenn sie durch Kommunikation untereinander die Aktionen der vorausfahrenden Fahrzeuge antizipieren können, zu einer Verstetigung des Verkehrsablaufs und somit zur Stabilität beitragen. Bei einem rein autonomen Verkehr ist davon auszugehen, dass eine vollständige Stabilität erreicht wird und ein Kapazitätsabfall vermieden werden kann."

Schneller durch die Ampelanlagen

Wie aber sieht es bei Kreuzungen mit Ampeln aus? Hier kommt es „unabhängig von der Koordinierung der Lichtsignalanlage zu einem ständigen Rückstau". Die wartenden Fahrer erhalten das Freigabesignal „grün" und fahren dann aus dem Stand an. Einer nach dem anderen.

Bei der Simulation ist zudem wichtig, wie die Ampeln geschaltet sind, also in welchem Zeitintervall sie einmal umschalten. Das wird auch „Umlaufzeit" genannt. Im Normalfall kommt Friedrich hier auf eine Kapazität von etwa 800 Pkw/h je Fahrstreifen, die beim rein autonomen Fahren auf rund 1120 Pkw/h gesteigert werden könnte. Das sind rund 40 Prozent mehr.

Friedrich weist darauf hin, „dass neben der Dauer der Folgezeitlücken vor allem die Geschwindigkeit von Bedeutung für die Kapazität ist. Mit steigender Räumgeschwindigkeit wächst die Kapazität bei autonomem Verkehr überproportional gegenüber einem Verkehr mit Menschen als Fahrern. Gelingt es also, beim autonomen Fahren neben den kürzeren Zeitlücken auch ein zügigeres Anfahren und Räumen zu erreichen, ist damit ein deutlich höherer Kapazitätsgewinn als die oben angegebenen 40 % zu erwarten."

Insgesamt kommt Friedrich zu folgendem Ergebnis: „Im Stadtverkehr könnte bei rein autonomem Verkehr eine Kapazitätserhöhung von etwa 40 % erreicht werden, während die Kapazitäten auf Autobahnabschnitten um etwa 80 % gesteigert werden könnten." Vor allem zwei Effekte tragen dazu bei – die Verringerung der Lücken zwischen autonomen Fahrzeugen und die Geschwindigkeit des Fahrzeugpulkes.

Friedrich geht davon aus, dass der „Fahrkomfort trotz kurzer Zeitlücken durch die Antizipation der Aktionen der vorausfahrenden Fahrzeuge und der dadurch ermöglichten geringeren Beschleunigungs-

bzw. Verzögerungswerte gesichert wird". Das könne dann auch die „Kolonnenstabilität" erhöhen. Was die Geschwindigkeit der Fahrzeuge angeht, seien „hohe Geschwindigkeiten bei gleichbleibender Verkehrsdichte" nur im rein autonomen Verkehr möglich: „Bereits ein von einem Menschen gelenktes Fahrzeug würde in einer Kolonne zu langsameren Geschwindigkeiten führen und den Kapazitätsgewinn reduzieren."

Weniger Abstand halten, schneller unterwegs sein

Insgesamt ist zu erwarten, „dass die Kapazität mit dem Anteil autonomer Fahrzeuge überproportional anwächst". Die Verkürzung der Zeitlücken wirkt laut Friedrich schon ab dem ersten Fahrzeug, die Steigerung der Geschwindigkeiten aber sei dann nur bei rein autonomem Verkehr möglich.

Die Einführung autonomer Fahrzeuge werde deshalb nur „über deren Fähigkeit gelingen, sich im gemischten Verkehr sicher zu bewegen, da reservierte Bewegungsflächen bei geringen Ausstattungsraten weder ökonomisch noch sozial zu vertreten wären". Wenn es dann irgendwann einmal genügend Fahrroboter gibt, „wird es für die Effizienz des Verkehrs sehr vorteilhaft sein, autonomes Fahren auf reservierten Fahrstreifen zu konzentrieren". Dann könnte dort die „Kolonnengeschwindigkeit selbst bei höherer Verkehrsnachfrage erhöht werden, was zu weiteren deutlichen Kapazitätsgewinnen führen würde".

Friedrich weist noch darauf hin, dass es eine Reihe weiterer Verkehrssituationen gibt, die im Rahmen dieser Situation nicht berücksichtigt werden konnten. Das sind beispielsweise die „Einfädel-, Ausfädel- und Verflechtungsmanöver" an den Knotenpunkten der Fernstraßen. Er verweist auf schon heute verfügbare technische Lösungen wie den „Einfädelungsassistenten", aber auch „Lösungsansätze für die baulichen und regulatorischen Anpassungen der Verkehrsanlagen".

So erscheine beispielsweise ein Szenario interessant, „in dem der autonome Verkehr zwischen den Anschlussstellen der Autobahnen auf separaten Fahrstreifen geführt und im Knotenpunktbereich die Separierung aufgehoben wird. Im Knotenpunktbereich treten damit autonome und von Menschen gesteuerte Fahrzeuge auf allen Fahrstreifen auf und können jeweils alle Fahrmanöver (autonom, hoch unterstützt oder durch Menschen gesteuert) bei einer möglicherweise vorgegebenen niedrigeren Geschwindigkeit durchführen."

Innerorts müsste geklärt werden, wie Vorfahrtsregeln an Signalanlagen gehandhabt werden. Es geht dabei vor allem um das Zusammenspiel zwischen Autos, Fahrradfahrern und Menschen in verschiedenen Vorfahrts- und Abbiegesituationen. „So könnte man alle Fahrstreifen der autonomen Fahrzeuge gleichzeitig in einer eigenen Phase freigeben – die Fahrmanöver der feindlichen Ströme im Knotenpunktbereich würden von den autonomen Fahrzeugen selbstständig ausgehandelt werden. Alle anderen Verkehrsteilnehmer würden mit der bereits bestehenden Signalisierung behandelt werden. Eine andere Lösungsmöglichkeit wäre die Berücksichtigung der Radfahrer und Fußgänger in einer eigenen Phase mit ‚Rundumgrün' bei gleichzeitiger Vermeidung von bedingt verträglichen Kfz-Strömen durch eine geeignete Phasenstruktur."

Für den Kreuzungsverkehr ist entscheidend, wie die Fahrzeuge untereinander kommunizieren, also der Stand der Technik: „Die Antizipation von Manövern von vorausfahrenden Fahrzeugen und die davon abhängenden Reaktionen in der darauffolgenden Kolonne wirken sich auf komfortable und damit akzeptable Beschleunigungswerte und ein komfortables Fahrgefühl aus." Deshalb werde den „bereits heute entwickelten Technologien zur Kommunikation und Kooperation bei der Entwicklung des autonomen Fahrens eine wichtige Rolle zukommen".

Vorreiter Wirtschaftsverkehr

Ein Drittel des Verkehrs auf den Straßen ist Wirtschaftsverkehr, analysiert Heike Flämig. Die Professorin am Institut für Verkehrsplanung und Logistik an der Technischen Universität Hamburg-Harburg untersucht die Frage, wie sich autonomes Fahren in diesem Bereich auswirkt. Vom Wirtschaftsverkehr selbst ist wiederum ein Drittel für den

Transport von Gütern notwendig. Weil in diesem Fall das „Fahren selbst" keinen Mehrwert stiftet und „nur Mittel zum Zweck der Raumüberwindung"[46] ist, haben Firmen schon vor Jahren begonnen, auf ihrem Gelände hierfür fahrerlose und autonome Transportsysteme einzurichten. Anfangs handelte es sich dabei um schienengebundene Systeme, inzwischen aber sind es immer häufiger intelligente selbstfahrende Fahrzeuge. So gibt es beispielsweise inzwischen einen Stapler, der über 3-D-Laser, Laserscanner und Kameras verfügt und sich den optimalen Fahrweg selbst berechnet.

Exkurs: Autonomes Fahren bei Verkehrsträgern wie Flugzeugen und Schiffen

Im Flugzeug ist der Autopilot längst selbstverständlich: Seit Beginn des 20. Jahrhunderts ist diese Art der Steuerung im Einsatz. Seit einigen Jahren bevölkern zudem Drohnen den Luftraum, auch Unmanned Aerial Systems oder Unmanned Aeriel Vehicles (UAV) genannt. Sie fliegen für die Polizei, das Militär oder die Feuerwehr. Immer häufiger werden sie auch in der Landwirtschaft genutzt, wo sie Felder überwachen, aussähen oder biologische Schädlingsbekämpfung durchführen. Wie Flämig schreibt, testet die Deutsche Bahn Drohnen zur Überwachung von Fahrzeugen und Infrastruktur.

Äußerst interessiert am Einsatz sind Logistikdienstleister wie Paketversender: „Derzeitige Drohnen könnten bei einer Tragfähigkeit von bis zu 2,5 Kilogramm und einer Reichweite von rund 15 Kilometern beispielsweise Fast-Food oder Medikamente ausliefern. Auch eine Drohne, durch die ein Defibrillator transportiert werden kann, wurde bereits getestet. Die Nutzung von Drohen für gewerbliche Zwecke über fünf Kilogramm ist mit einer Pauschalgenehmigung in vielen Bundesländern möglich; allerdings nicht in kontrollierten Lufträumen."

Auch in der Seeschifffahrt laufen bereits Forschungsprojekte. Unbemannte U-Boote sind schon seit längerem im Einsatz, berichtet Flämig. Konzepte von Drohnenschiffen würden von unterschiedlichsten Akteuren entwickelt: Ein Konzept ähnele dem Platooning im Straßenverkehr, wo ein Schiff mit Besatzung die anderen unbemannten Schiffe anführt und leitet. „Im Unterschied zum Flugverkehr ist es möglich, dass bei stark befahrenen Abschnitten, beispielsweise beim Hafenanlauf, eine Besatzung jederzeit zusteigen kann", schreibt Flämig.

Bei Eisenbahnen gibt es schon seit Jahren die Möglichkeit, diese aus der Ferne zu steuern. Vereinzelt sind derartige Systeme auch im Einsatz, wie beispielsweise die U-Bahn-Linien 2 und 3 in Nürnberg. Seit 2008 ist dort ein System namens „Rubin" (Realisierung einer automatisierten U-Bahn in Nürnberg) an der Arbeit, das von Siemens entwickelt wurde.[47] Auf der Webseite des Konzerns ist Folgendes dazu zu lesen: „Das neue System ist trotz höherer Investitionskosten wirtschaftlicher, unter anderem weil wir durch kürzere Wendezeiten weniger Fahrzeuge brauchen und kein neues Personal benötigen', erläutert Konrad Schmidt, der bei der VAG Nürnberg das Projekt leitet. Das bestätigen auch die Erfahrungen in anderen Städten, zum Beispiel in Paris, wo seit 1998 die Linie 14 ohne Fahrer unterwegs ist und sich vor allem wegen der verbesserten Kapazität und Sicherheit bewährt. Bis 2010 soll deshalb auch die traditionsreiche Linie 1 der Pariser Metro automatisiert werden. Auch in Barcelona wird derzeit eine fahrerlose Linie gebaut und ebenso im koreanischen Uijeongbu – alle mit Siemens-Technik der Division Mobility."[48]

Die Docklands Light Railway in Großbritannien fährt auf einer 34 Kilometer langen unter- und oberirdischen Strecke seit 1987 ohne Fahrer.[49] Joachim Winter, Leiter des Projekts „Next Generation Train" beim Deutschen Zentrum für Luft- und Raumfahrt (DLR), sagte der „heute" schon Ende 2014, dass das Tunnelsystem bei U-Bahnen als geschlossenes System für den Einsatz von automatischem, fahrerlosem Betrieb besonders geeignet sei. Auch die Londoner U-Bahn will ab 2022 zuerst auf der Piccadilly-Line neue Züge einsetzen, die später dann auch automatisch gefahren werden können.[50]

Im Bahn-Güterverkehr waren die bisherigen Versuche allerdings nicht erfolgreich, berichtet Flämig. Es existiere noch keine „schnelle Technik zur Zugbildung und -splittung" und so sei eine eigene Antriebstechnik je Waggon notwendig. Das Konzept RailCab greife dieses Manko auf, die Zugbildung erfolge über eine elektronische Deichsel. Noch aber sei dies „teuer und es gibt kaum sinnvolle Einsatzfälle, bei denen nicht der Lkw ebenso den Transport übernehmen könne".

Was den Gütertransport auf den Straßen angeht, konstatiert Flämig ein hohes wirtschaftliches Interesse der Transportunternehmen an automatisierten Systemen: „Der gut deutsch sprechende Fahrer, der bereit ist, die weiten Autobahnfahrten mit langen Abwesenheitszeiten bzw. unregelmäßigen Einsatzzeiten für geringen Lohn zu übernehmen, ist immer seltener zu finden."

Da mehrere Lastkraftwagenhersteller wie Scania und Daimler bereits selbstfahrende Systeme mit einer Einsatzgeschwindigkeit bis zu 85 km/h vorgestellt haben, hält Flämig das „Vehicle on Demand als Autobahnfahrt ohne Fahrer mit freier Navigation" für das von den Transportunternehmen bevorzugte Modell. Gegebenenfalls könne es verbunden werden mit dem Koppeln von Fahrzeugen, bei dem ein Mensch eine Kolonne von Lastkraftwagen steuert.

Einer steuert, alle folgen

Dieses so genannte „Platooning" wurde in etlichen Modellprojekten weltweit bereits erprobt und baut auf bereits existierender Technik wie der Adaptive Cruise Control und Abstandskontrolle auf. Die Datenübertragung zwischen den Fahrzeugen kann per WLAN oder Infrarot stattfinden. Beim Platooning kann zudem Kraftstoff in beträchtlichem Umfang gespart werden, ein weiteres Incentive für die Transportunternehmen. Die Modellversuche ergaben Einsparungen von 5 Prozent für das Führungsfahrzeug und zwischen 10 und 15 Prozent für die Folgefahrzeuge.

Einen weiteren denkbaren Einsatzfall für den Güterverkehr sieht Flämig im so genannten „Valet Parken und Valet delivery": Dabei übernimmt ein Fahrroboter in engen Innenstädten das Einparken des Fahrzeugs und/oder das Andocken an der Entladerampe: „Dadurch könnten teure Bagatellschäden verhindert werden. Der Fahrer wird von stressbehafteten Fahraufgaben entlastet, insbesondere dann, wenn er zugleich noch für die ermüdende, lange Autobahnfahrt zuständig ist. Valet delivery könnte aber auch dabei helfen, dass die Fahrer ihre Ruhezeiten einhalten können, wenn die ‚Last-Last-Mile' ohne ihr Zutun abgewickelt werden könnte."

Derartige Veränderungen haben Einfluss auf die Lieferkette im Güterverkehr, also die so genannte „Supply Chain": „Wenn der Transport hochautomatisiert erfolgt, wird erwartet, dass der Fahrer andere Aufgaben in dieser Zeit übernimmt. Er kann sich dann der Routenplanung, dem Fuhrparkmanagement oder der eigenen Erholung widmen." Auf der anderen Seiten würde bei vollautomatisiertem Fahren typische Fahrertätigkeiten wie das Kommissionieren der Ware anderweitig erledigt werden – durch andere Mitarbeiter oder neuartige vollautomatische Systeme. Flämig erwartet deshalb Veränderungen „vor allem an der Schnittstelle zwischen unbemannter und bemannter Fahrt" sowie „im Aufgabenprofil der Fahrer".

Aufbauend auf dieser Analyse schätzt Flämig die gesamtwirtschaftlichen Effekte von automatisierten Systemen im Gütertransport ein.

So könnte „die vorhandene Straßeninfrastrukturkapazität durch den geringeren Platzbedarf und durch die gleichmäßigeren Geschwindigkeiten" des automatisierten Fahrens „mindestens verdoppelt" werden. Auch der Treibstoffverbrauch würde sich reduzieren, was sich günstig auf das Erreichen der Klimaziele auswirken könnte. Schon heute leisten Fahrerassistenzsysteme „einen erheblichen Beitrag zur Reduzierung von Unfällen". Diese könnten durch hoch- bzw. vollautomatisierte Fahrzeuge weiter gesenkt werden, „da diese Stauende erkennen können, riskante Überholmanöver vermeiden und auch keine Geisterfahrten unternehmen".

Testfall Güterverkehr

Trotz dieser Einsparungsmöglichkeiten an Arbeitszeit und Ressourcen erwartet Flämig nur eine „schrittweise Einführung" autonomer Systeme im Gütertransport. Das liegt auch daran, dass es in der Öffentlichkeit eine große Skepsis gegenüber selbstfahrenden Lastwagen gibt und das notwendige regulatorische Umfeld fast völlig fehlt.

Auch deshalb sei es entscheidend, in welcher Reihenfolge was wie eingeführt werde, argumentiert Flämig. Fürs Erste böten sich geschlossene Systeme in überschaubaren Szenarien an wie beispielsweise auf dem Flughafenvorfeld, im Hafen oder auf der Autobahn. Das Platooning könnte beispielsweise dadurch Akzeptanz schaffen, dass hier immer noch ein bemanntes Führungsfahrzeug im Einsatz ist und die Kontrolle hat.

Bei den Veränderungen in der Lieferkette sei das Bild ebenfalls ambivalent, meint Flämig: „Für das Verständnis, die Bewertung und die Einordnung ist zu klären, welche technologischen Veränderungen und Herausforderungen sich für die Fahraufgabe ergeben. Zudem gilt es, die Vor- und Nachteile des Einsatzes von automatisierten gegenüber konventionellen Fahrzeugen und deren Integrationsfähigkeit in die bestehende Arbeitsumgebung genauer zu analysieren, indem hinsichtlich verschiedener Tätigkeitsprofile von Unternehmen unterschieden wird." Auch sei bisher „die Frage unbeantwortet, was alles autonom transportiert werden kann und welcher Autonomisierungsgrad überhaupt von der Wirtschaft hinsichtlich Notwendigkeit, Kosten und Flexibilität akzeptiert werden würde".

Gleichzeitig bietet das Feld des Gütertransports „neue Möglichkeiten für innovative Geschäftsmodelle". Auch böte der Einsatz autonomer Systeme im innerstädtischen Gütertransport die Chance, Akzeptanz in der Bevölkerung zu schaffen, wenn dadurch die derzeit immer stärker wahrgenommenen Behinderungen durch Lieferdienste reduziert werden könnten. Logistiker wie DHL beispielsweise sind hieran stark interessiert.

Flämig schlägt auch vor, sich das Feld des Personenwirtschaftsverkehres anzusehen, von dem „sehr viel spannende Einblicke und Neuerungen" zu erwarten wären. Denn anders als beim Individualverkehr würde hier die „Fortbewegung in den meisten Fällen sehr viel pragmatischer betrachtet".

Simulationen für Megacitys

Wie stark vollautomatisierte Systeme das heutige Verkehrsaufkommen in den Innenstädten reduzieren könnten, zeigen zwei Simulationen von Marco Pavone. Der Professor am Department of Aeronautics and Astronautics an der kalifornischen Stanford University zeigt, dass der Bestand an privaten Pkw in Singapur auf ein Drittel reduziert werden könnte, wenn sie vollautomatisch fahren würden – ohne dass die Nutzer in ihrer Mobilität in irgendeiner Form eingeschränkt werden würden. In New York City könnte die Taxiflotte auf 70 Prozent reduziert werden, ebenfalls ohne Komforteinbußen.[51]

Diese Ergebnisse sind auch deshalb so interessant, weil die Megacitys dieser Welt in den nächsten Jahren und Jahrzehnten weiter sehr stark wachsen werden. Bis zum Jahr 2030 werden wohl 60 Prozent der Menschheit in Städten leben. Schon heute stehen sie dort Millionen von Stunden im Stau, der komplette Verkehrskollaps ist absehbar.

Für die USA gibt es dazu konkrete Zahlen: 38 Stunden, oder fast eine Woche Arbeitszeit, verbrachten die US-Amerikaner im Jahr 2011 im Stau. Für Hauptstadtbewohner in Washington, D.C., sind es sogar 67 Stunden.

Hinzu kommt, dass die existierenden Privatfahrzeuge im städtischen Raum „overengineered and underutilized" seien, wie Pavone schreibt. Sie seien auf Geschwindigkeiten von deutlich über 100 Meilen/h (160 km/h) ausgelegt, könnten aber in der Innenstadt selten schneller als 15 bis 20 mph (Meilen/h) fahren. Zudem werden sie 90 Prozent der Zeit nicht benutzt und verbrauchen dann Parkfläche, die gerade in innerstädtischen Zentren sehr wertvoll und knapp ist.

Pavone erwartet deshalb eine deutliche Zunahme von Carsharing-Systemen. Allerdings seien die Fahrten und auch die Fahrziele ungleich verteilt und deshalb häuften sich die Carsharing-Fahrzeuge oft an bestimmten Punkten und fehlten dann in anderen Regionen des städtischen Gebietes. Zudem reduziert Carsharing per se nicht Staus und verstopfte Straßen: es wird ja die gleiche Anzahl von Fahrten geleistet wie früher auch. Und da die Autos immer wieder von einer Station zur anderen gebracht werden müssen, um eine gute Verteilung im Stadtgebiet aufrechtzuhalten, kann es beim Carsharing sogar zu mehr Fahrten kommen.

Diese Probleme ließen sich mit autonomen Systemen lösen. Fahrroboter können sich selbstständig dahin bewegen, wo sie gebraucht werden. Sie können sich, wenn sie elektrisch betrieben werden, auch selbstständig mit Fahrstrom versorgen. Und sie weiten das Mobilitätsangebot aus: Menschen, die nicht fahren können, bekommen nun Zugang zu diesen Dienstleistungen.

Pavone beschreibt zwei unterschiedliche mathematische Modelle, um die Nachfrage- und Allokationsprozesse von Fahrrobotern zu beschreiben. Er wendet sie an zwei Fallbeispielen an – Taxifahrten in Manhattan und dem Personenverkehr in Singapur.

Am Beispiel von Manhattan stellt Pavone die Frage, wie viele Roboter-Taxis notwendig wären, um die jetzige Flotte zu ersetzen und die gleiche Servicequalität wie derzeit zu bieten. Im Jahr 2012 gab es über 13 300 Taxis in New York City, die über 15 Millionen Fahrten im Monat abwickelten. Das entspricht 500 000 Fahrten am Tag, wovon 85 Prozent im Stadtteil Manhattan beginnen oder enden.

Robotertaxis in Manhattan

Für das Fallbeispiel nutzte Pavone die Daten vom 1. März 2012, die ihm die New York Taxi & Limousine Commission zur Verfügung gestellt hat. An diesem Tag wurden 439 950 Touren abgewickelt. Pavone teilte die geografische Fläche von Manhattan dann so ein, dass 100 Aufnahme- oder Abladestationen entstanden und kein Fahrgast mehr als 300 Meter bis zu nächsten Station laufen musste.

Dann modellierte er noch drei unterschiedliche Nachfragesituationen. Der höchste Bedarf liegt bei durchschnittlich 29 485 Fahrten in der Stunde und wird normalerweise zwischen 19 und 20 Uhr erreicht. Die geringste Nachfrage liegt mit 1982 Touren zwischen vier und fünf Uhr am Morgen. Durchschnittlich gefragt sind Taxidienstleistungen dann, wenn 16 930 Fahrten pro Stunde stattfinden, was zwischen vier und fünf Uhr nachmittags an diesem Tag der Fall war.

Die höchste Nachfrage könnte von rund 8 000 Taxis befriedigt werden. Ein weiterer wichtiger Faktor ist die Wartezeit, die die Fahrgäste in Kauf zu nehmen bereit sind. Pavone simulierte nun Beispiele mit 6 000, 7 000 und 8 000 Fahrzeugen und unterschiedlichen maximalen Wartezeiten. Dabei stellt sich heraus, dass eine Fahrzeugflotte von 7 000 Fahrzeugen zu maximalen Wartezeiten von unter fünf Minuten führen würde. Bei 8 000 Fahrzeugen reduziert sich die maximale Wartezeit für die Nutzer um die Hälfte auf nur zweieinhalb Minuten. Daraus folgt, dass ein System von nur 7 000 bis 8 000 Robotertaxis die gleiche Servicequalität liefern könnte wie der heutige Fahrzeugbestand von 13 300 manuell gesteuerten Fahrzeugen.

Individualverkehr in Singapur

Am Beispiel von Singapur modellierte Pavone, mit wie vielen Fahrzeugen der Mobilitätsbedarf der gesamten Bevölkerung befriedigt werden könnte. Das Gedankenexperiment nutzt Daten des im Jahr 2008 erstellten „Household Interview Travel Survey", der Singapore Taxi Data – STD – database sowie des Singapore Road Networks (SRD).

Bei 1 144 400 Haushalten in dem Stadtstaat kam Pavone auf eine minimale Ausstattung von 92 693 autonomen Fahrzeugen. Das sind 12,3 pro Haushalt und gilt als Untergrenze für das Gedankenexperiment. Er definiert dann wieder unterschiedliche Nutzeransprüche. Als Durchschnitt gilt die Zeit zwischen zwei und drei Uhr nachmittags, als Maximum die Rushhour abends zwischen 19 und 20 Uhr.

Würden nun 200 000 autonome Fahrzeuge eingesetzt, läge die Verfügbarkeit im Durchschnitt bei 90 Prozent, würde aber in der Rushhour auf 50 Prozent fallen. Das hält Pavone für nicht akzeptabel und rechnet deshalb ein weiteres Szenario mit 300 000 Fahrrobotern. Dann steigt die Verfügbarkeit zur Rushhour auf 72 Prozent und in Durchschnittszeiten auf 95 Prozent. Die durchschnittliche Wartezeit in letzterem Szenario liegt bei unter 15 Minuten in der Rushhour.

Tatsächlich aber waren in Singapur im Jahr 2011 insgesamt 779 890 Fahrzeuge registriert – über zweieinhalb mal soviel. Auch unter Kostenaspekten sind die vollautomatischen Systeme außerordentlich interessant: Pavone nahm zuerst an, dass alle notwendigen 300 000 Autos umgerüstet werden müssten, damit sie autonom fahren könnten. Die hohe Menge drückt natürlich den Preis pro Stück, den er bei rund 15 000 US-$ ansetzt. Die Nutzungsdauer eines Fahrroboters beträgt in dieser Simulation 2,5 Jahre, da er ja kontinuierlich gefahren wird.

Eine weitere Annahme besteht darin, dass der durchschnittliche Nutzer in Singapur 747 Stunden im Jahr im Auto, Bus oder in der Bahn sitzt – Zeit, die er oder sie beispielsweise nicht mit Arbeiten zubringen kann. Deshalb müssen hier Alternativkosten berechnet werden, die Pavone bei 20 Prozent des Median-Einkommens für das autonome Fahren und 50 Prozent für das manuelle Fahren ansetzte. Hinzu kommt noch der Zeitverbrauch für das Parken im manuellen Betrieb bzw. das Warten auf das autonome Auto.

Das Ergebnis ist eindeutig: Insgesamt lassen sich die Kosten pro gefahrenem Kilometer in vollautomatisierten Autos fast halbieren. Das entspricht im Fall von Singapur einem Drittel des Bruttoinlandsproduktes pro Einwohner: „Diese Analyse lässt vermuten, dass Mobilität in einem vollautomatisierten System weitaus kostengünstiger ist als die traditionellen Mobilitätssysteme, die auf privatem Autobesitz basieren."

Der Einsatz von selbstfahrenden Autos in Städten würde voraussichtlich auch die Fahrzeugtypen verändern, erwartet Pavone. Prof. Hermann Winner und Walther Wachenfeld haben sich hiermit detailliert beschäftigt. Beide forschen auf dem Fachgebiet Fahrzeugtechnik an der Technischen Universität Darmstadt.

Neue Fahrzeugkonzepte nur in Nischen

Auch wenn sie in der Breite keine Änderung am Konzept des vierrädrigen Autos sehen, könnte es in Nischen doch zu neuen Fahrzeugkonzepten kommen. So werde „auch bei autonomen Fahrzeugen die Nutzung das Konzept bestimmen, wobei die Nutzung der gewonnenen Fahrzeit gerade Innenraumkonzepte neu beleben werde"[52].

Dies führe auf der einen Seite zu „teuren komfortorientierten High-Tech-Fahrzeugen, die Sänften gleichen, als rollendes Wohn-, Arbeits- oder Schlafzimmer". Auf der anderen Seite werden „kostengünstige Zweckfahrzeuge eingesetzt werden, die die für den Transportdienst notwendige Ausrüstung mitbringen, aber darüber hinaus eher kleinen Stadtbussen gleichen und weder emotionale Anziehungskraft besitzen noch hohe Komfortansprüche befriedigen".

Diese unterschiedlichen Nutzerkonzepte lassen sich heute schon anhand der Prototypen für autonomes Fahren absehen. So ist etwa das Google-Auto von seinen Erbauern als möglichst einfacher, preiswerter und nutzenorientierter Fahrroboter konzipiert, der noch nicht einmal ein Lenkrad hat.

Auf der anderen Seite des Spektrums ist der F 015 von Daimler ein Luxusgefährt, das vieles übertrifft, was es heute gibt, und das seine Erbauer auch „Luxury in Motion" nennen. So beschreibt beispielsweise „AUTO BILD" den Wagen: „Wenn Mercedes in diesen Tagen mit dem F 015 durch die Straßen von San Francisco rollt, dann kommt der Verkehr zum Erliegen und bei den Passanten laufen die Speicherkarten der Fotohandys über. Denn das neue Forschungsfahrzeug der Schwaben ist buchstäblich von einem anderen Stern und wirkt bei der ersten Ausfahrt im Morgengrauen wie ein Ufo auf Abwegen. Wenn da jetzt Marsmenschen oder wenigstens Captain Future aussteigen würden, das würde auch keinen mehr wundern. Und vor allem würde es gut zu der schimmernden Skulptur passen, die mit minimalistischen Linien gezeichnet, groß und lautlos wie ein Walfisch durch den Stadtverkehr schwimmt. Schließlich ist der 5,22 Meter lange und über zwei Meter breite Silberfisch so etwas wie die S-Klasse von Übermorgen und soll zeigen, wie sich Mercedes einen Luxusliner für das Jahr 2030 vorstellt."[53]

Die „FAZ" hat Folgendes beobachtet: „Mit majestätischer Gelassenheit schwingen die Türen automatisch auf, ach was, die Portale. Sie sind gegenläufig angeschlagen, haben in der Mitte keine Säule und bewegen sich alle einzeln. (...) Die hinteren Sessel drehen höflich nach außen, die vorderen stehen noch, wie altmodisch, nach vorn gerichtet. (...) Über die Bildschirme flackert in 360 Grad das Video vom letzten Skiurlaub. Dann sitzen wir mitten im Waldstadion und schauen live der Eintracht zu. Wir sind angeschnallt, was eigentlich unnötig ist, denn Sensoren und Kameras im Dach und an den Seiten lassen keine Unfälle mehr zu. Das jedenfalls ist die Idee."[54]

Bundesverkehrsminister Alexander Dobrindt hat am 10. April 2015 einen autonom fahrenden Audi A7 auf der Autobahn A9 getestet.[55] Das Auto war allerdings in seiner Außenform und dem Innendesign nicht verändert, wie auch der vom Delphi-Konzern genutzte Audi, der im März 2015 über 3400 Meilen von San Francisco nach New York zu 99 Prozent autonom gefahren ist.[56]

Es ist also vieles denkbar beim Übergang zu autonomen Autos – neues Design, neue Funktionalitäten oder auch ein Festhalten an Bewährtem. Wie es mit der Sicherheit, dem Datenschutz und den Haftungsmodalitäten bei autonomen Autos bestellt ist, wird im nächsten Kapitel diskutiert.

Autonome Autos im Einsatz: Fast alle Hersteller haben schon heute selbstfahrende Modelle zum Test auf den Straßen. Als Beispiele sind hier von oben nach unten zu sehen ein Audi, das Google-Fahrzeug ganz ohne Lenkrad und die Zukunftsstudie F 015 von Mercedes-Benz.

KAPITEL IV

SICHERHEIT & HAFTUNG

Was nehmen Maschinen wahr?

Sicherheitskonzepte, Haftungsfragen und Datenschutz

Schon jetzt ist absehbar, dass es unterschiedliche technische Ansätze für autonomes Fahren gibt. Da ist zum einen die Google-Kugel, ein von vielen Menschen als „niedlich" eingestuftes Gefährt ohne Lenkrad und ohne jegliche Möglichkeit für den Menschen, beim Fahren einzugreifen. Und da ist der F 015 von Mercedes-Benz oder der autonome A7 von Audi, absolute Spitzenleistungen an Technik, Innovation und Luxus.

Während das Google-Auto bislang kaum schneller als Schritttempo unterwegs ist, erreichen der F 015 und der A7 Höchstgeschwindigkeiten von fast 200 km/h. Auch wenn Unfälle schon bei sehr niedrigen Geschwindigkeiten tödlich sein können, nimmt das Risiko mit der Geschwindigkeit deutlich zu.

Doch ist Geschwindigkeit überhaupt ein zentraler Faktor in der Sicherheitsdebatte um autonome Autos? Was dem Laien so vorkommt, formulieren Experten wie Klaus Dietmayer, Professor am Institut für Mess-, Regel- und Mikrotechnik an der Universität Ulm, zur Kernfrage der so genannten „maschinellen Wahrnehmung" um: Ein Roboterfahrzeug muss „seine Umgebung wahrnehmen, geeignet interpretieren und daraus kontinuierlich sichere Handlungen ableiten und ausführen"[57].

Diese maschinelle Wahrnehmung erfolgt über die im Auto verbauten Sensoren wie Kameras und Radarsensoren im Zusammenspiel mit digitalen Karten und anderen in Echtzeit verfügbaren Informationen, beispielsweise über die Kommunikation zwischen Maschinen. Die Wissenschaftler sprechen dabei von einer „Sensordatenfusion". Doch „während Menschen sehr schnell und fehlerfrei den visuellen Wahrnehmungen auch semantische Bedeutung zuordnen können, ist dies für die maschinelle Wahrnehmung nach dem heutigen Stand der Technik noch eine vergleichsweise schwierige Aufgabe", schreibt Dietmayer.

Das hat vor allem damit zu tun, dass Menschen in der Lage sind, auch viele verschiedene Informationen intuitiv und simultan zu verarbeiten. Und weil sie dabei auch kontinuierlich lernen, werden sie tendenziell immer „besser" bei der Einschätzung und Verarbeitung der Informationen.

Noch haben Maschinen keine „Intuition": Sie müssen alle Informationen scannen, messen, wägen oder anderweitig maschinell registrieren und dann entlang den einprogrammierten Algorithmen verarbeiten. Ist die Situation neu, also nicht im Algorithmus vorgesehen, hat die Maschine ein Problem.

Zwar gibt es erste „lernende" Maschinen, doch noch gibt es kein Abbild des menschlichen Gehirns in der Maschinenwelt. Wie also arbeiten die Fahrroboter? Oder wie Experten wie Dietmayer schreiben: Wie funktioniert die „maschinelle Wahrnehmung?"

Die Basis dafür sind erstens die im Auto verbauten Sensoren wie Kameras oder Radarsensoren. Dazu kommen zweitens Informationen über das Fahrumfeld aus digitalen Karten und Informationen darüber, wo sich das Fahrzeug momentan befindet. Daraus kann der Computer ein „dynamisches Fahrzeugumfeldmodell" errechnen, „in dem das eigene Fahrzeug sowie alle anderen Verkehrsteilnehmer durch individuelle Bewegungsmodelle repräsentiert sind". Notwendig sind drittens Informationen über die Umgebungsinfrastruktur wie Verkehrsschilder und Ampeln, aber auch Verkehrsinseln, Bordsteine und Fahrbahnmarkierungen.

Diese Daten registriert der Computer, setzt sie – vorgegeben durch seine Programmierung – in Verbindung miteinander und entwickelt ein „maschinelles Szenenverständnis". Mithilfe der ebenfalls programmierten „Situationsprädiktion" wird es dann möglich, verschiedene „zeitliche Entwicklungen der Szene, auch Episoden genannt", vorauszuberechnen und ihre Wahrscheinlichkeit zu bewerten. Der Zeithorizont liegt dabei bei wenigen Sekunden.

Daraus entwickelt der Computer eine „übergeordnete Handlungsplanung": „Sie könnte beispielsweise das Umfahren eines Hindernisses oder das Überholen eines langsameren Fahrzeugs vorsehen. Zur Ausführung der Pläne werden dann mögliche Trajektorien des Fahrzeugs mit einem typischen Zeithorizont von drei bis fünf Sekunden berechnet und hinsichtlich Sicherheit und Komfort bewertet. Die nach vorgebbaren Kriterien optimale Trajektorie wird von der Fahrzeugregelung ausgeführt. Der beschriebene Bearbeitungsprozess wird fortlaufend, in der Regel schritthaltend mit der sensorischen Erfassung, erneut durchgeführt, um auf Aktionen und Reaktionen anderer Verkehrsteilnehmer reagieren zu können."

Entscheidender Zeitfaktor

Schon diese kurze Beschreibung macht deutlich, dass ein Ausfall eines oder mehrerer Messsysteme zu so großen Unsicherheiten führen würde, dass der Fahrroboter nicht mehr sicher handeln könnte. Der Zeitfaktor ist dabei sehr wichtig. Wie Dietmayer schreibt, kann der Fahrcomputer nicht sehr viel länger als zwei bis drei Sekunden in die Zukunft prognostizieren. Für die Übergabe an einen menschlichen Fahrer berechnen die Experten derzeit aber in der Regel einige Sekunden mehr.

Wie also können mögliche Einschränkungen der maschinellen Wahrnehmung vorhergesagt werden? Das Ziel ist natürlich, sie von vornherein auszuräumen und die Maschinen so zu programmieren, dass sie entweder mit diesen Einschränkungen umgehen können oder sie erst gar nicht entstehen.

Dietmayer nennt drei Arten dieser Einschränkungen. Die Zustandsunsicherheit „beschreibt die Unsicherheit in den physikalischen Messgrößen wie Größe, Position und Geschwindigkeit und ist eine direkte Folge der bei Sensoren prinzipiell nicht vermeidbaren Messfehler". Die Existenzunsicherheit „beschreibt die Unsicherheit darüber, ob ein von der Sensorik erkanntes und in die Umgebungsrepräsentation übernommenes Objekt überhaupt real existiert". Mit der Klassenunsicherheit sind offene Fragen „hinsichtlich der korrekten semantischen Zuordnung gemeint, die durch Unzulänglichkeiten der Klassifikationsverfahren bzw. nicht ausreichend guter Messdaten verursacht werden können".

Es geht also beispielsweise um die Frage, ob ein dreidimensionales, rechteckiges Objekt ein Kinderwagen mit Kind drin, ein Spielzeugauto aus Plastik ohne Kind oder einfach nur eine Wellpappkiste ohne weiteren Inhalt ist. Mit Ersterem beispielsweise müsste eine Kollision in jedem Fall vermieden werden, bei den letzteren beiden Objekten wäre sie sicherlich denkbar, um anderweitigen Schaden zu vermeiden.

In allen drei Unsicherheitsvarianten ist die mögliche Vorausschau bei dem jetzigen Stand der Technik nicht lang genug, um an den menschlichen Fahrer übergeben werden zu können. Sie reicht nach Ansicht von Dietmayer auch nicht aus, um einen so genannten „eigensicheren Zustand" einzunehmen – also, dass der Fahrroboter von selbst zum sicheren Stehen kommt. Zwar gebe es einige Optionen, zusätzliche Einschränkungen der maschinellen Wahrnehmungsleistung wie beispielsweise eine Kamerablendung durch tief stehende Sonne oder andere Wetterkapriolen vorherzusagen. Doch grundsätzlich hält Dietmayer die „Prädiktion der Wahrnehmungsleistungsfähigkeit prinzipbedingt" nicht für eine „generelle Option zur Gewährung der notwendigen Sicherheit beim automatisierten Fahren".

Redundanz: Wenn ein System ausfällt, übernimmt das nächste die Aufgaben

Allerdings existieren bereits eine Reihe von anderen Methoden, um die aktuelle maschinelle Wahrnehmungsleistung „kontinuierlich zu überwachen und Systemausfälle sowie Degradationen einzelner Komponenten zeitnah und sicher erkennen zu können". Das ist zum einen Redundanz: Wenn ein System ausfällt, übernimmt ein anderes diese Aufgaben. Bei autonomen Fahrzeugen sind generell Multisensorsysteme verbaut, „die Informationen verschiedener Sensoren und Sensorprinzipien parallel nutzen und fusionieren".

So liefern beispielsweise sowohl Radar- als auch Lidarsensoren Entfernungsmessdaten, „allerdings in unterschiedlicher Qualität und in einem unterschiedlichen Sensorerfassungsbereich". Ebenso reagieren sie unterschiedlich auf Witterungsbedingungen. Dennoch können sich beide Systeme gegenseitig stützen.

Auch bei Kameras kann Redundanz leicht hergestellt werden. Falle beispielsweise eine Kamera eines Stereokamerasystems aus, so stehe für Klassifikationsaufgaben und die Erkennung von Straßenmarkierungen noch die zweite Kamera des Stereosystems zur Verfügung. Die Entfernungsschätzung wäre dann zwar nicht mehr möglich, könnte aber von den Radar- und Lidarsensoren mit übernommen werden.

Durch derartige Redundanzkonzepte könne „somit auch bei Ausfall einzelner Komponenten immer eine Mindestwahrnehmungsleistung des automatisierten Fahrzeugs aufrechterhalten werden".

Noch einfacher ist es, wenn der Fahrroboter auf einer vorgegebenen Bahn fährt. Dann kann das Bewegungsverhalten der umgebenden Objekte leichter vorhergesehen werden. Fahrtests mit autonomen Autos finden deshalb immer auf abgesperrtem Gelände statt, ansonsten muss ein menschlicher und ganz besonders trainierter Fahrer im Auto sein und das Steuer im Notfall auch deutlich schneller wieder übernehmen können als in den Modellen der Forscher, die Übergabezeiten von zwei bis drei Sekunden vorsehen.

Als Daimler im Mai 2015 den ersten autonomen Truck in Nevada getestet hat[58], war dies der Fall: Der autonome „Highway-Pilot" wurde erst eingeschaltet, als der 26 Meter lange, 505 PS starke „Freightliner Cascadia" sicher auf dem Highway fuhr. Im Selbstfahr-Modus kann der Truck weder überholen noch ausweichen und auch nicht die Spur wechseln.

Das aber sei auch nicht gewollt, zumindest derzeit noch nicht. „Dafür haben wir ja weiterhin den Fahrer an Bord, der jederzeit das Kommando übernehmen kann", zitiert die „FAZ" Daimler-Entwicklungschef Sven Ennerst. Das sei auch ein weiterer „Unterschied zur Prototypen-S-Klasse": Es gehe im Truck nicht darum, das Maximum aus der Technik herauszuholen. Sondern es gehe darum, für den Alltag sinnvolle Funktionen sicher darzustellen und sie dafür lieber schneller umzusetzen.

„Spiegel Online" beschreibt die Testfahrt wie folgt[59]: „Denn sobald Martin Zeilinger, der bei Daimler die Vorausentwicklung der Lastwagen leitet, den Sattelzug vom Parkplatz rangiert und auf die Schnellstraße gesteuert hat, meldet sich der Highway-Pilot auf dem digitalen Cockpit zum Einsatz bereit. Dann muss Zeilinger nur noch einen Knopf im Lenkrad drücken und kann sich entspannt zurücklehnen: Den Job des Fahrers übernehmen jetzt Radarsensoren, eine Stereokamera hinter der Frontscheibe sowie die automatisierte Lenkung und der intelligente Tempomat, der den Dieselmotor mit 14,8 Liter Hubraum unter der langen Haube auf Touren hält. ‚Mehr als gute Sicht und eine ordentliche Fahrbahnmarkierung braucht das System nicht', sagt Zeilinger.

Auf einer der vielen Endlos-Geraden ist das noch vergleichsweise unspektakulär. Und es gehört nicht viel Fantasie dazu, sich dort auch die Fahrer von konventionellen Trucks mit einem Tablet-Computer auf dem Schoß oder dem Telefon am Ohr vorzustellen. Doch spätestens bei der ersten Kurve schaut man dann doch ein bisschen nervös, wenn sich wie von Geisterhand das Lenkrad bewegt und der auf den Beinamen ‚Inspiration' getaufte Freightliner Cascadia an der gelben Seitenlinie entlang einen sauberen Bogen zieht. Die nächste Spurverengung nimmt man dann schon gelassener, und als der Truck auch noch ein paar Böen des starken Seitenwinds pariert, wächst das Vertrauen weiter."

Die beiden Fahrberichte zeigen, dass zumindest bei dieser Testfahrt die maschinelle Wahrnehmungsleistung ausreichend war, um die Strecke auf dem Highway in Nevada unfallfrei und ohne weitere Probleme zu bewältigen. Dietmayer warnt aber, dass „das Abfahren eines vordefinierten Kilometerumfangs" keinesfalls gewährleiste, „dass der dadurch entstehende Datensatz alle möglichen kritischen Situationsentwicklungen (Episoden) enthält".

Bibliothek möglicher Episoden

Er empfiehlt deshalb als „zukünftige Forschungsaufgabe", alle möglichen Situationsentwicklungen so zusammenzufassen, dass daraus eine Art „Bibliothek aller möglichen Episoden" entstehen kann, die auch mathematisch zu modellieren ist: „Ziel eines solchen Vorgehens wäre es, durch die hierarchische Vorgehensweise eine möglichst vollständige, aber dennoch handhabbare Menge potenziell kritischer Episoden zu bestimmen."

Diese werden danach in allen möglichen Varianten daraufhin getestet, was ein Ausfall einzelner Sensoren und Komponenten bewirkt und wie und ob die Redundanzen wirken. Auch können die Episoden nach den jeweiligen Situationen geclustert werden, was den Aufbau einer umfassenden Bibliothek an möglichen Verkehrsszenarien weiter erleichtern würde. So entstünde eine „Wissensbasis", mit der „dann ständig die aktuelle Situation in Bezug auf den vermeintlichen Ausgang der Entwicklung bewertet werden kann". Dietmayer sieht diesen Weg als eine Möglichkeit, die zeitliche Vorhersagekraft des Computers zu verlängern – und damit die Situationsprädiktion zu verbessern.

Das Softwareunternehmen Google hat im Mai 2015 bekannt gegeben, dass seine Fahrcomputer inzwischen 2,8 Millionen Kilometer hinter sich gebracht hätten und es dabei zu elf Verkehrsunfällen gekommen sei. Es habe sich jedoch nur um unbedeutende Vorfälle mit „leichten Schäden und keinen Verletzten" gehandelt, zitiert „Welt Online" Google-Projektleiter Chris Urmson.[60] Im Übrigen sei kein einziger Unfall auf den Selbstfahr-Modus der Wagen zurückzuführen. Seit September 2014 müssen in Kalifornien alle Unfälle mit autonomen Fahrzeugen angezeigt werden, wenn man eine Lizenz für diese Fahrten bekommen möchte.

Der US-amerikanische Autozulieferer Delphi hat einen umgerüsteten Audi Q5 im Frühjahr 2015 quer durch Nordamerika fahren lassen. Dabei habe der Fahrroboter „99 Prozent" der Strecke selbstständig gesteuert, wie „Wired" berichtet[61]: „Das Auto ist zu 99 Prozent selbst gefahren und hat nur dann an die kohlenstoffbasierte Lebensform hinter dem Steuer abgegeben, wenn es Zeit war, den Highway zu verlassen und auf die Straßen in der Stadt zu fahren." Fast 3400 Meilen dauerte die Reise durch den amerikanischen Kontinent, von San Francisco nach New York City – nach Angaben von Delphi die erste autonome Fahrt quer durch den Kontinent.

Der umgebaute Audi hat sechs Radarsysteme für weite Entfernungen, vier Systeme für kurze Entfernungen, drei Kameras, sechs Lidars, ein Lokalisierungssystem, intelligente Algorithmen und eine Reihe von ausgefeilten Assistenzsystemen.[62] Jeder Reisetag ist mithilfe von etlichen Videos dokumentiert und kann im Internet verfolgt werden.[63] Während der gesamten Reise saß ständig ein Fahrer im Fahrersitz, hatte aber die Hände nicht am Steuer – bis auf das von „Wired" so eingeschätzte eine Prozent der Fahrzeit. Insgesamt hat der Wagen in dieser Zeit drei Terabyte neue Daten gesammelt.

Daten, Daten, Daten: Was der Fahrroboter alles über Sie sammelt

Das ist eine Datenmenge, die ungefähr 900 Stunden Video in guter Aufnahmequalität entspricht.[64] Oder knapp einem Drittel der gedruckten Bestände der US-amerikanischen „Library of Congress", also der Bibliothek des US-Kongresses. Eine ganze Menge Daten also, was unweigerlich zu der Frage führt, wie der Datenschutz in Zukunft das autonome Fahren beeinflussen wird.

Diese Frage ist umso dringender, als einige Beobachter argumentieren, dass Konzerne wie Google oder Apple vor allem deswegen am autonomen Fahren interessiert sind, weil sie zum einen die so generierten Daten nutzen und zum anderen die zusätzliche freie Zeit der Passagiere mit Internet-Dienstleistungen füllen möchten.

Wie aber sind die Datenflüsse konkret, die beim autonomen Fahren generiert werden? Kai Rannenberg, Chair of Mobile Business and Multilateral Security an der Universität Frankfurt, diskutiert dazu fünf Leitfragen[65]:

01. *Welche „neuen" oder zusätzlichen Daten werden zur Realisierung des autonomen Fahrens gesammelt und welche Konsequenzen ergeben sich daraus?*
02. *Gibt es bestimmte Arten von Daten, die spezielle Hindernisse hervorrufen?*
03. *Was ist aus Perspektive des Datenschutzes zu berücksichtigen?*
04. *Was ist bei der Gestaltung von Architekturen zu berücksichtigen, um schwerwiegende oder gar unlösbare Datenschutzprobleme zu vermeiden?*
05. *Was muss auf lange Sicht hin bedacht werden?*

Insgesamt, so Rannenberg, würden vier unterschiedliche Datenarten bei vernetzten Autos gesammelt. Das beginnt bei „allen Arten von Standort- und Navigationsdaten", also etwa Reisezielen, -zeiten und -gewohnheiten und Vorlieben der Routenplanung. Zudem werden Daten zur Fahrdynamik gesammelt wie beispielsweise die Beschleunigung. Sie übermitteln sowohl Informationen zum Verhalten des Autos wie auch zu dem des Fahrers und seinem Fahrstil.

Des Weiteren können unterschiedliche Daten zum Fahrverhalten aus den verschiedenen Lokalisierungsdaten abgeleitet werden. So könne aus „dem Vergleich der Lokation eines Autos auf der Autobahn mit der Lokation 15 Minuten zuvor die durchschnittliche Geschwindigkeit des Autos bestimmt werden", schreibt Rannenberg. Hieraus könne „geschlossen werden, ob eine Geschwindigkeitsbegrenzung möglicherweise zeitweise überschritten wurde, in einigen Fällen auch, dass sie überschritten wurde".

Und schließlich sammelt das Auto Daten aus der Umgebung. So kann eine Fahrt oder spezielle Verkehrssituation dokumentiert werden,

„für den Fall, dass eine solche Dokumentation später als hilfreich erachtet werden würde". Natürlich können diese Daten auch Informationen über fremde Menschen enthalten wie beispielsweise Nummernschilder anderer Fahrzeuge oder Gesichter von Passanten. Gehe man davon aus, „dass sich die im Auto gespeicherten Daten unter der alleinigen Kontrolle des Besitzers oder Fahrer des Autos" befänden, könne die Frage nach der Verantwortung über die Daten „relativ leicht beantwortet werden", argumentiert Rannenberg.

Er erwartet aber, dass das nicht der Fall sein wird. Denn es gäbe „mindestens zwei Anzeichen dafür, dass einflussreiche Institutionen verlangen werden, Daten aus dem Auto auch nach außerhalb zu transferieren". Das sind zum einen Strafverfolgungsbehörden und zum anderen Internetunternehmen.

Bei Ersteren verweist Rannenberg auf die Mobilkommunikation: Schon kurz nach deren Einführung hätten die Strafverfolgungsbehörden darauf gedrängt, Zugriff zu bekommen. Bereits 1995 wurde dem in der deutschen Fernmeldeüberwachungsverordnung entsprochen. Bei Letzterem zitiert Rannenberg zwei Google-Manager, nämlich Jared Cohen und Eric Schmidt. In einem gemeinsamen Buch argumentierten die beiden, dass „Information, wie Wasser, immer seinen Weg finden wird". Alle Versuche, den Fluss der Daten zu beschneiden, seien also mittelfristig zum Scheitern verurteilt.

Wenn Daten aber an Dritte weitergegeben werden, stellt sich die Datenschutzproblematik beim autonomen Fahren in voller Schärfe. So können Fahrzeughersteller daran interessiert sein, „das Verhalten des Fahrzeugs zu dokumentieren, um Erkenntnisse über das Fahrzeug in Extremsituationen zu sammeln oder die Qualität der (oft sehr komplexen) Software zu testen". Das ermöglicht ihnen auf der einen Seite, ihre Systeme zu verbessern und weiterzuentwickeln. Auf der anderen Seite beinhalten diese Daten jedoch „sensitive Informationen über die Fahrer, z. B. die typische Fahrgeschwindigkeit" oder „die Anzahl der Notbremsungen". Und diese könnten dann durchaus dafür verwendet werden, Fahrer unterschiedlich zu behandeln.

eCall – das neue Auto-Notrufsystem in der Europäischen Union

Ab 2018 wird in allen Neuwagen in der Europäischen Union das automatische Notrufsystem „eCall" Pflicht: Es alarmiert bei einem schweren Unfall selbstständig die Notrufzentrale unter der europaweiten Nummer 112 und übermittelt automatisch alle relevanten Standortdaten. Weil die Rettungskräfte so deutlich schneller an den Unfallort gelangen, sollen die Zahl der Unfalltoten um bis zu 2500 Menschen pro Jahr reduziert werden. 2014 sind etwa 25 700 Menschen in Europa bei Verkehrsunfällen ums Leben gekommen.[66]

Zwar gab es eine Debatte um den Datenschutz bei eCall, doch sie wurde bislang vor allem in Fachkreisen geführt. Die Europäische Union argumentiert, dass das System datenschutzrechtlich völlig unproblematisch sei, weil es sich um ein so genanntes „schlafendes System" handele: Die Informationen würden erst gesendet, wenn ein schwerer Unfall passiert sei. Ansonsten könne die Technik nicht genutzt werden, um den Standort und/oder das Bewegungsprofil des Fahrers sowie des Autos zu verfolgen.

Auch Versicherer dürften an den Daten interessiert sein. „Für eine Unfallversicherung kann das Risiko beispielsweise vom Fahrverhalten (vorsichtiger oder risikofreudiger Fahrstil) abgeleitet werden, während für eine Diebstahlsversicherung insbesondere ortsbezogene Daten (Regionen mit höherem oder niedrigerem Diebstahlsrisiko für das jeweilige Fahrzeug) von Bedeutung sind."

Möglicherweise können diese Daten dazu genutzt werden, die Versicherungsnehmer fairer zu beurteilen und damit auch zu Kostenreduktionen führen. Sicher ist aber auch, dass die Nutzer einer erhöhten Überwachung ausgesetzt werden. „Von diesen Systemen oder den

SICHERHEIT & HAFTUNG — 131

von ihnen verwendeten Daten und Kriterien wissen die Kunden oft nichts, da Versicherungsnehmer diese Informationen als Geschäftsgeheimnisse betrachten und vor der Konkurrenz geheim halten wollen", warnt Rannenberg.

Flottenbetreiber sind ähnlich wie Versicherer ebenfalls an den Daten interessiert. „Um ihren geschäftlichen Erfolg zu steigern, versuchen sie, das Risiko der Autovermietung an die jeweiligen Kunden zu bewerten und das Ergebnis in ihre Preisgestaltung einfließen zu lassen", argumentiert Rannenberg. Allerdings besitzen die Flottenbetreiber die Autos in der Regel und dürften schon allein deshalb eine andere rechtliche Position haben als die Versicherungsunternehmen.

Eine weitere Gruppe, die an Daten aus autonom fahrenden Autos interessiert ist, sind Geschäfte am Wegesrand. „So könnten beispielsweise Pendler, die aktuell im Stau stehen, mit einem Sonderangebot von Geschäften in der Nähe der nächsten Ausfahrt adressiert werden, damit sie aus dem Stau heraus zum Einkaufen fahren", beschreibt Rannenberg diese Art von Situationen. In der Region San Francisco wirbt beispielsweise der Flughafen San José so um Fluggäste, die auf dem Weg zum deutlich größeren Flughafen von San Francisco sind.

Auch staatlich autorisierte Stellen wie Polizeien und Geheimdienste dürften an den Daten Gefallen finden, vermutet Rannenberg: „Polizeikräfte, die Verbrechen untersuchen oder verhindern wollen, sowie Geheimdienste können an Navigations- und Bewegungsdaten interessiert sein, um Informationen über das soziale Umfeld von Reisenden zu erlangen, etwa, wer wen wo trifft." Dabei sind nicht nur individuelle Daten interessant, sondern auch Bewegungsprofile ganzer Gruppen von Reisenden: „Mit dem Ansatz, dass Daten von vielen oder sogar allen Autos kombiniert werden, ist eine spezifische Form des crowd-sourcing vorstellbar", schreibt Rannenberg. Einige Kommunen würden das heute schon nutzen, um Informationen über die Umweltverschmutzung zu sammeln.

Schließlich gibt es noch so genannte Peer-ad-hoc-Netzwerke und Verkehrszentralen, die die Daten vor allem zur Optimierung des Verkehrsflusses brauchen. Solange dies anonymisiert geschieht, ist die Datenschutzfrage wahrscheinlich weniger kritisch. Wenn die Daten aber weitergegeben oder gar verkauft werden, stellt sich die Frage schon anders. Dies hält Rannenberg vor allem dann für denkbar, wenn Verkehrszentralen privat finanziert werden.

Legal, illegal: Wie Daten verwendet werden

Nach Ansicht von Rannenberg ist es „prinzipiell unmöglich, die potenziellen Verwendungen von Daten für legitime oder illegitime Zwecke vorherzusagen". Zudem habe es sich „als unmöglich herausgestellt zu garantieren, dass es auch auf lange Sicht zu keiner Verwendung oder keinem Missbrauch für eine spezielle Art von Daten kommt". Zu den Gründen dafür gehörten zum einen die Menge der Daten, vor allem aber die neuen Möglichkeiten, sie über so genannte Big-Data-Anwendungen zu verknüpfen und auszuwerten.

So kann die Auswertung der Daten, wann ein Fahrer selbst fährt und wann er den Fahrroboter einschaltet, auf den ersten Blick völlig harmlos sein. Wenn das aber über eine längere Zeit aufgezeichnet wird, könnten daraus auch Rückschlüsse über die Fahrtüchtigkeit des Betreffenden gezogen werden. Dies wiederum könnte dann Einfluss auf seine Versicherungsprämien haben. Rannenberg schreibt: „Ähnliche Bewertungsmethoden bei der Beurteilung der Kreditfähigkeit haben sich in der Vergangenheit häufig als falsch erwiesen, wenn es um individuelle Bewertungen ging, auch wenn sie eine statistische Wertigkeit besaßen."

So ist es auch nicht möglich, im Voraus festzustellen, ob medizinische Daten anders zu schützen sind als politische oder wirtschaftliche Daten einer Person. Für Rannenberg steht deshalb fest: „Die rechtliche Konsequenz der beschriebenen Schwierigkeiten ist das Prinzip, für jedes einzelne Datum die Legitimität der Datenverarbeitung zu prüfen, statt eine allgemeine Freigabe vorzusehen. (…) Somit muss für jede Art von Daten überprüft werden, ob ihre Erfassung notwendig ist, um den Dienst bereitzustellen, dessentwegen sie erhoben wurden. Zusätzlich ist zu überprüfen, ob die Art der Verarbeitung angemessen ist."

Dazu existiert seit 2011 die internationale Norm ISO/IEC 29100 „Privacy Framework", die laut Rannenberg elf Datenschutzgrundsätze enthält. Sie zielen darauf, „die Gestaltung, Entwicklung und Implementierung von Datenschutzrichtlinien und -kontrollen anzuleiten". Ähnliches finde sich auch in den jüngsten Empfehlungen des Deutschen Verkehrsgerichtstages.

Die elf Grundsätze lauten:
01. *Einwilligung und Wahlfreiheit*
02. *Rechtmäßigkeit und genaue Bestimmung des Zwecks der Datenverarbeitung*
03. *Beschränkung der Erfassung*
04. *Datenminimierung*
05. *Beschränkung der Verwendung, Speicherung und Weitergabe*
06. *Richtigkeit und Qualität*
07. *Offenheit, Transparenz und Auskunft*
08. *Individuelle Beteiligung und Zugriff*
09. *Rechenschaftspflicht*
10. *Informationssicherheit*
11. *Erfüllung der Datenschutzanforderungen*

Bei der Frage der Wahlfreiheit und Einwilligung weist Rannenberg darauf hin, dass sie explizit als so genannte „opt-in"-Lösung erfolgen muss. Der Nutzer muss also aktiv zustimmen, und das auch genau erklärt bekommen. Es habe sich herausgestellt, „dass die Forderung nach Wahlfreiheit wichtig ist, um zu vermeiden, dass Benutzer faktisch gezwungen werden einzuwilligen, weil sie keine Alternative zu dem jeweiligen Dienst haben". Beim autonomen Fahren kann das gegebenenfalls auch die Mitfahrer betreffen, wenn deren Persönlichkeitsrechte involviert sind.

Was die Rechtmäßigkeit und genaue Bestimmung des Zwecks der Datenverarbeitung angeht, sieht Rannenberg „eine besondere Herausforderung im Fall des Erfassens von Umgebungsdaten". Denn sie können nach diesem Grundsatz nur verarbeitet werden, wenn der Grund hierfür klar genannt wird und das auch anhand der bestehenden Gesetze abgeklärt wird. Wenn beispielsweise „der Zweck das autonome Fahren ist, werden jegliche gesammelte Daten mit dem Zweck des autonomen Fahrens gerechtfertigt werden müssen (und nicht mit einer anderen Verwendung, auch wenn diese beispielsweise kommerziell attraktiv erscheint)".

Prinzip der Datenminimierung

Das Prinzip der Datenminimierung beinhaltet, dass die gesammelten Daten wann immer möglich anonymisiert werden. Ist dies nicht möglich, müssen sie in der Regel gelöscht werden, sobald der Zweck ihrer Verarbeitung entfallen ist.

Die Informationssicherheit schließlich bezieht sich auf den Schutz der Daten „mit entsprechenden Maßnahmen auf der operationellen, funktionalen und strategischen Ebene, um die Integrität, Vertraulichkeit und Verfügbarkeit" der Daten zu gewährleisten.

Rannenberg entwickelt aus diesen Überlegungen drei Vorschläge für eine Architektur zur Datenverarbeitung beim autonomen Fahren. Sie sehen „dezentrale Ansätze", „Anonymisierung" und die „systematische Löschung" von personenbezogenen Daten vor. Dabei sind für ihn insbesondere „die Grundsätze der Beschränkung der Erfassung, der Datenminimierung und der Informationssicherheit" relevant.

Was die dezentralen Ansätze angeht, empfiehlt er, Daten direkt zwischen Fahrzeugen auszutauschen statt eine Verkehrszentrale dazwischenzuschalten. Das reduziere das Risiko des Missbrauchs. Weiterhin sollte das „Konzept eines benutzereigenen ‚Private Data Vault' (PDV) zur Speicherung" personenbezogener Daten näher untersucht werden. Damit könnten die Daten so gespeichert und gegen ungewollten Zugriff geschützt werden, dass „kein Zugriff ohne die Einwilligung des Nutzers möglich ist".

Das wäre seiner Ansicht nach insbesondere dann hilfreich, wenn Fahrer sich das Auto mit anderen teilen wie bei Carsharing-Systemen oder Mietwagen. „Ein PDV kann im Fahrzeug installiert werden (im speziellen Fall, dass das Fahrzeug nur von einem Fahrer verwendet wird) oder idealerweise vom jeweiligen Fahrer in das verwendete Auto mitgebracht werden. Das PDV sollte Hardware verwenden, die die gespeicherten Daten gut schützen kann und könnte die erste Version eines vertrauenswürdigen Datenspeichers sein. Eine Kombination mit anderen persönlichen Geräten wie Mobiltelefonen wäre eventuell in Zukunft möglich; zunächst aber müssen diese Geräte sicherer werden und besser in der Lage sein, sich selbst zu schützen, insbesondere gegen Angriffe, um Daten von außen auszulesen."

Als zweites Architekturkriterium sieht Rannenberg das Ziel, immer zu prüfen, ob Daten ihren Zweck auch dann erfüllen, wenn sie anonym erhoben werden. So müssten für Verkehrs- und Stauanalysen beispielsweise „keine individuellen Autos oder gar Fahrer" identifiziert werden. Die „Interaktion zwischen Peers", also zwischen Fahrzeugen, benötige keine Identifikation. Noch nicht einmal die Zugriffskontrolle für Autos beim autonomen Parken benötige „eine individuelle Identifizierung der Autos". Stattdessen könnten über ein Konzept wie das der partiellen Identitäten die notwendigen Informationen dafür so beschränkt werden, dass ein „Parkplatz für das autonome Valet-Parken von einem Fahrzeug gebucht wird", das Fahrzeug selber sich aber „gegenüber der Zugriffskontrolle des Parkplatzes nicht individuell identifizieren" muss. Ausreichend sei die Übertragung eines Tokens, so dass „das Fahrzeug nur dann identifiziert wird, wenn das Token missbräuchlich mehrfach verwendet wird".

Infrastrukturen für autonomes Fahren

Rannenbergs drittes Architekturkriterium schließlich ist die systematische Löschung der personenbezogenen Daten. Dieses Prinzip werde „häufig in Konzepten und Lebenszyklusmodellen von Informations- und Kommunikationssystemen vernachlässigt", was zu „gefährlichem

Missbrauch und entsprechenden Haftungsrisiken" führen könne. Besser also, gleich zu Beginn darüber nachzudenken: „Dies erfordert eine sorgfältige Überlegung, wie lange welche Daten zu welchem Zweck vorgehalten werden müssen." Beim Deutschen Institut für Normung werden derartige Projekte bereits diskutiert, die „zum großen Teil auf dem Konzept der Datenlöschung im Mautsystem Toll Collect für Lkw" basieren.

Weil die Infrastrukturen für autonomes Fahren schon heute absehbar „sehr groß und komplex" werden und „daher ein größerer Zeitraum für jede Planung zur Einführung, Verwendung und Wartung zu berücksichtigen" sei, sind Rannenberg drei Anmerkungen wichtig.

Sie betreffen zum Ersten die „schleichenden Erweiterungen des Anwendungsbereiches": Habe sich „eine technische Infrastruktur erst einmal für einige Anwendungen etabliert, können neue zusätzliche Anwendungen recht einfach auf derselben Technologie und Infrastruktur aufbauen. Damit können sich neue Datenschutzrisiken schnell einschleichen".

Das habe sich beispielsweise beim Mobilkommunikationsnetz GSM gezeigt, „das viele mächtige Funktionalitäten (z. B. Lokalisierung) besitzt, deren De-facto-Einführung und -Nutzung in manchen Ländern aber in einer Grauzone stattfand". Ähnliche Ängste bestünden „für Mautsysteme und deren Überwachungsinfrastrukturen, die in mehreren Fällen nur für Lkw oder andere überwiegend beruflich genutzte Fahrzeuge etabliert wurden. Eine Erweiterung auf privat genutzte Fahrzeuge ist dann oft sehr einfach zu realisieren."

Zweitens warnt Rannenberg vor schleichenden Übergängen von Testsystemen zu Wirksystemen: „Erfahrungen der internetorientierten Softwareentwicklung zeigen, dass der Schritt von einem Testsystem oder gar einem experimentellen Prototypen mit reduzierten oder gar keinen Datenschutz- und Datensicherheitsvorkehrungen zu einem Wirksystem heutzutage sehr einfach ist, etwa durch das Ändern eines Weblinks in einem öffentlichen Portal, damit der Link auf ein neues Backend-System zeigt. Eine solche Änderung kann dazu führen, dass Testsysteme zu Wirksystemen werden, obwohl sie noch lange nicht angemessen geschützt sind. Insbesondere Projekte, die unter Ressourcenknappheit leiden und einen schnellen Erfolg benötigen, können dieser Versuchung erliegen."

Und drittens sieht Rannenberg eine Gefahr in der verbindlichen pseudo-eindeutigen Identifizierung: „Mehr und mehr Computer speichern und verteilen Identifikatoren, die diese Geräte als mehr oder weniger einmalig und vertrauenswürdig identifizieren. Ein Beispiel hierfür ist die GSM International Mobile Station Equipment Identity (IMEI). Theoretisch ist die IMEI ein eindeutiger Identifikator für jedes Mobilkommunikationsgerät. Praktisch gesehen kann diese IMEI aber manipuliert werden."

Ähnlich sei das bei „internetorientierten Netzen bei der Media Access Control Address (MAC-Adresse), die jeder Netzwerkschnittstelle als theoretisch eindeutiger Identifikator zugeteilt ist". Beide Identifikatoren seien „auch für Fahrzeuge, die mit entsprechenden Kommunikationstechnologien ausgestattet sind, einschlägig. Während diese Identifikatoren zur Identifizierung von Angreifern sehr wenig nutzen, weil sie recht einfach manipuliert werden können, machen sie (inoffizielle) Datensammlungen sehr einfach und schaffen dadurch ein erhebliches Datenschutzproblem. Ferner wecken sie einen wiederkehrenden ‚Appetit' interessierter Parteien auf mehr Identifikation von Benutzern in Kommunikationsnetzwerken oder bei Internetdiensten. Im Interesse eines effektiven Datenschutzes muss dieser Trend erkannt, berücksichtigt und überwunden werden."

Je autonomer das Auto, desto weniger persönliche Daten sind notwendig

Interessanterweise ist die Datenschutzfrage vor allem für den Übergang zum vollautonomen Fahren besonders wichtig. Denn wenn einmal komplett selbstfahrende Autos im Einsatz sind, sind die Persönlichkeitsmerkmale der transportierten Menschen irrelevant. Rannenberg ist dementsprechend der Auffassung, dass autonomes Fahren per se „theoretisch nicht zu mehr Datenschutzproblemen führen muss".

Allerdings gebe es eine „realistische Bedrohung, dass in der Praxis genau das passiert, wenn Entwurf und Architektur der Systeme Datenschutzprobleme nicht sorgfältig verhindern".

Deshalb empfiehlt Rannenberg einen so genannten „Privacy-by-Design-Ansatz für autonomes Fahren und die einschlägigen Szenarien". Zumindest die folgenden Fragen müssten gründlich geprüft werden:

01. Ist die Erfassung, Verarbeitung und Übermittlung von Daten wirklich notwendig, um eine tatsächliche Verbesserung der Fahrsituation zu erreichen?
02. Ist dieser Vorteil die zusätzlichen Datenschutzrisiken wert?
03. Können die Stakeholder (häufig Fahrer, Fahrgäste, Eigentümer) ertüchtigt werden, in einem möglichen Dilemma zwischen mehr Funktionalität oder mehr Verkehrssicherheit auf der einen Seite und weniger Privatsphäre auf der anderen Seite selbstständig zu entscheiden?
04. Bleiben die Daten unter Kontrolle der Stakeholder, oder verlassen sie deren Einflussbereich?

Es gebe „eine klare Herausforderung, die Freiheit, die seit langer Zeit mit dem Automobil verbunden wird und ein Grund für seinen Erfolg ist, zu schützen". Darin sieht er auch ein potenzielles „Alleinstellungsmerkmal für die etablierte Autoindustrie und vor allem für Premium-Hersteller und -Marken": Sie sollten „nicht einfach dem Trend der Internetunternehmen" folgen und Informationen absagen. Das berge die Gefahr, dass sich Kunden empört von der Marke abwenden oder sogar der Gesetzgeber aktiv wird, um die Datenweitergabe zu stoppen.

Gerade die Automobilindustrie habe „in anderen Bereichen wie der Reduktion des Energieverbrauchs gezeigt, dass man primitive Lösungen nicht akzeptieren muss, sondern negative Auswirkungen überwinden und Ressourcen schonen kann, indem man sorgfältig plant und entwickelt". Über kurz oder lang werde dieser Ansatz in jedem Fall angeregt oder gefordert werden.

Haftungsfragen: Können Roboter Schuld haben?

Ebenso wie beim Datenschutz argumentieren die Experten auch bei Haftungsfragen für ein proaktives Vorgehen der Hersteller. Das bedeutet vor allem eine breite öffentliche Diskussion vor Einführung der Systeme statt abzuwarten, dass etwas passiert, und dann zu handeln. Dies zeigt der Beitrag über „product liability" im US-Rechtssystem recht klar. Im US-Rechtssystem gibt es nach Ansicht von Stephen S. Wu auch deshalb sehr große Entschädigungssummen, weil Richter und Jurys der Auffassung sind, dass die Hersteller entweder nicht proaktiv nach den Gründen für die entstandenen Schäden suchen oder sie sogar aus Kostengründen billigend in Kauf nehmen.

„A proactive approach to design safety with a comprehensive risk management program establishes upfront a manufacturer's commitment to safety", schreibt Wu.[67] Thomas Winkle vom Lehrstuhl für Ergonomie an der Technischen Universität München weist darauf hin, dass bei voll autonomen Fahrzeugen möglicherweise mit unterschiedlichen Maßstäben gemessen wird: „Während in Deutschland zurzeit jährlich über 3.000 Unfalltote im Straßenverkehr gesellschaftlich offenbar akzeptiert sind, fehlt womöglich jegliche Toleranz bei einem Unfalltoten, der im Zusammenhang mit vermeintlichen technischen Fehlern steht." Gesellschaftliche Akzeptanz entstehe erst dann, wenn der „wahrgenommene individuelle Nutzen die erlebten Risiken deutlich" überwiege.[68]

Walther Wachenfeld und Hermann Winner vom Fachgebiet Fahrzeugautomatik der Technischen Universität Darmstadt haben dazu eine Grafik[69] über das theoretische Unfallvermeidungspotenzial autonomer Autos entwickelt.

So könnten zwar eine ganze Reihe schwerer Unfälle durch die Automatisierung vermieden werden (dunkelblauer Bereich), dafür aber entstünden neue Risiken durch die Automation (brauner Bereich). Die Grafik zeigt, dass eine genaue Abwägung zurzeit noch nicht möglich ist.

Umso wichtiger ist deshalb die gesellschaftliche Diskussion über das autonome Fahren. Winkle formuliert vier Fragen, die die Diskussion leiten können und die bislang ungelöst sind:

01. Welche Anforderungen sind für eine Entwicklung und Vermarktung sicherer automatisierter Fahrzeuge zu berücksichtigen?
02. Wie sicher ist sicher genug?
03. Unter welchen Bedingungen ist ein automatisiertes Fahrzeug fehlerhaft?
04. Wie wird die Sorgfaltspflicht bei der Entwicklung sichergestellt?

Schon heute können aktuelle Serienfahrzeuge eine Vielzahl von Fahraufgaben selbstständig übernehmen. Dennoch ist immer der Fahrer für die Überwachung notwendig. Das entfällt beim automatisierten Fahren. Winkle geht davon aus, dass die Sicherheitserwartungen der Nutzer beständig zunehmen: „Die gesellschaftlichen und individuellen Erwartungen an die technische Perfektion von Fahrzeugen steigen." Das führe zu zunehmender Regulierung seitens der Behörden, aber auch zu

Vermiedene Unfälle durch autonomes Fahren

Die Grafik zeigt, welche und wie viele Unfälle theoretisch vermieden werden könnten, wenn Fahrzeuge selbstständig fahren.

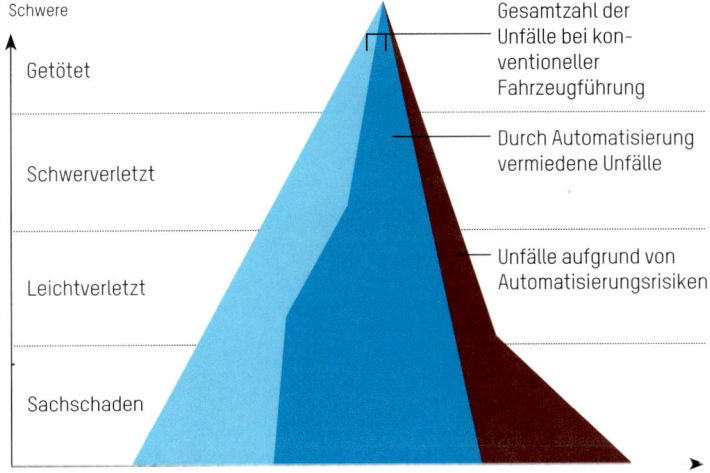

immer mehr teilweise präventiven Rückrufaktionen der Hersteller.

In Deutschland regelt das Produkthaftungsgesetz (ProdHaftG) die „gesetzliche Haftung des Herstellers für Schäden aus einem fehlerhaften Produkt. Hersteller ist, wer ein Endprodukt, ein Teilprodukt, einen Grundstoff herstellt oder seinen Namen bzw. seine Marke am Produkt anbringt." Eine Anspruchsgrundlage leitet sich aus § 823 des Bürgerlichen Gesetzbuches und aus dem Produkthaftungsgesetz ab.

Wie Winkle berichtet, beschreibt das Produkthaftungsgesetz die Konsequenzen eines Fehlers in § 1:

Wird durch den Fehler eines Produkts jemand getötet, sein Körper oder seine Gesundheit verletzt oder eine Sache beschädigt, so ist der Hersteller des Produkts verpflichtet, dem Geschädigten den daraus entstehenden Schaden zu ersetzen.

Unabhängig davon, ob der Produktfehler vorsätzlich oder fahrlässig herbeigeführt wird, definiert das ProdHaftG einen Fehler gemäß § 3 Abs. 1 wie folgt:

Ein Produkt hat einen Fehler, wenn es nicht die Sicherheit bietet, die unter Berücksichtigung aller Umstände, insbesondere seiner Darbietung, des Gebrauchs, mit dem billigerweise gerechnet werden kann, sowie des Zeitpunkts, in dem es in den Verkehr gebracht wurde, berechtigterweise erwartet werden kann.

Primär haftbar ist dabei der Hersteller, wobei in „begründeten Fällen auch Zulieferer, Importeure, Vertriebshändler oder Verkäufer unbegrenzt haftbar gemacht werden". Falls eine „begründete strafrechtliche Haftung" geltend gemacht werden kann, können auch „Konsequenzen für die Unternehmensleitung oder einzelne Mitarbeiter entstehen, wenn nachweisbar versäumt wurde, Risiken auf ein akzeptiertes Maß zu reduzieren". Hinzu kommt der Imageschaden, der oft auch erhebliche wirtschaftliche Einbußen nach sich zieht. Aus seiner

Erfahrung mit bisherigen Produkthaftungsfällen formuliert Winkle eine Reihe von Fragen, die im Schadensfall zur „Abwehr zivil- und strafrechtlicher Ansprüche von Bedeutung" sind, so zunächst:

Wurde bereits vor Beginn einer neuen Produktentwicklung unter Abwägung der Risiken, der Eintrittswahrscheinlichkeit und des Nutzens geprüft, ob das Fahrzeug mit dieser technischen Umsetzung überhaupt in den Verkehr gebracht werden darf?

Grundsätzlich, so schreibt Winkle, existierten neben den allgemeinen gesetzlichen Anforderungen bis heute keine abgestimmten und harmonisierten Methoden für vollautomatisierte Fahrzeuge. Diese könnten durch international anerkannte Entwicklungsleitfäden mit Checklisten generiert werden:

Welche Maßnahmen wurden zur Risiko-, Schadens- und Gefahrenminimierung über den gesetzlichen Rahmen hinaus ergriffen?

Winkle erwartet, dass sich „zukünftige Vorgaben an den heute gültigen Anforderungen orientieren und diese zum größten Teil übernehmen" werden: „Die Methoden zur Bewertung des Risikos während der Entwicklung gewährleisten, dass bei der Nutzung des Fahrzeugs keine intolerablen Personengefährdungen zu erwarten sind."

Deshalb seien bei der Entwicklung mindestens die heute allgemein gültigen Anforderungen, Richtlinien, Verfahren und Prozesse zu berücksichtigen:

Wurden beispielsweise allgemein anerkannte Regeln, Normen oder technische Vorschriften eingehalten?

Die Einhaltung gängiger Vorgaben allein sei im Allgemeinen nicht ausreichend, argumentiert Winkle. Deshalb müssten auch die folgenden Fragen beachtet werden:

KAPITEL IV

*Wurde mit der geforderten Sorgfalt entwickelt, produziert und vertrieben?
Hätte der entstandene Schaden mit einer anderen Konstruktion
vermieden oder in seiner Auswirkung gemindert werden können?
Wie verhält sich bzw. wie hätte sich ein Fahrzeug aus dem Wettbewerb
verhalten?
Hätten Warnungen den Schaden verhindern können?*

Wenn Fahrroboter Fehler machen

Mögliche Auswirkungen von rechtlichen und wirtschaftlichen Fehlern,
die durch selbstfahrende Autos ausgelöst werden können.

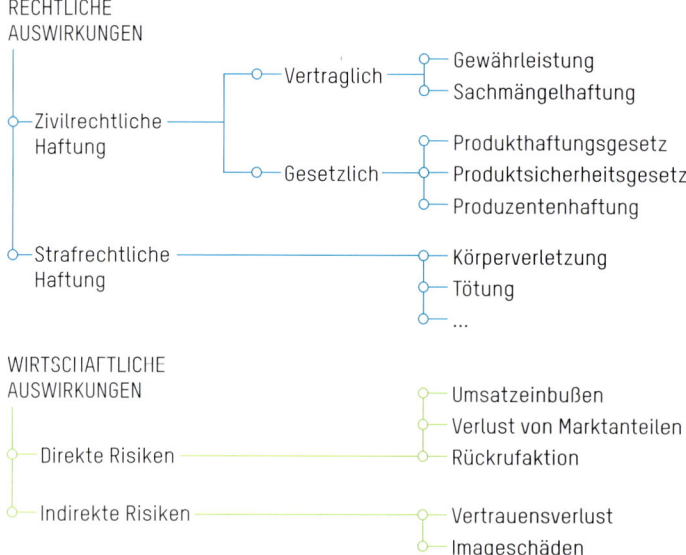

Beobachtung im Serieneinsatz

Erst am Endes des Entwicklungsprozesses zeigt sich dann, ob „ein automatisiertes Fahrzeug die erforderliche Sicherheit erreicht hat". Aber auch nach einer erfolgreichen Markteinführung hält Winkle „eine Beobachtung im Serieneinsatz für zwingend erforderlich. Selbst dann, wenn alle rechtlichen Anforderungen, Richtlinien und Qualitätsprozesse für einen sicheren Gebrauch der entwickelten automatisierten Funktionen und für mögliche Fehlfunktionen eingehalten wurden."

Die Beobachtungspflicht ergebe sich „aus der Verkehrssicherungspflicht im Rahmen von § 823 Abs. 1 Bürgerliches Gesetzbuch (BGB), deren Verletzung eine Haftung für einen Fehler auslöst, der solchermaßen hätte erkannt werden müssen". So stelle sich bei Produkthaftungsfällen auch die abschließende Frage:

Wird bzw. wurde das automatisierte Fahrzeug im Kundenbetrieb beobachtet?

Zwar sei allenthalben gesellschaftlich anerkannt, dass Risiken und gefahrenträchtige Handlungen zwangsläufig zum Leben gehörten. Dennoch würden „Unsicherheit und Unwägbarkeiten" nicht mehr als „schicksalshaft hinzunehmende Ereignisse betrachtet, sondern als mehr oder weniger kalkulierbare Unsicherheiten". Daraus ergeben sich nach Ansicht von Winkle „höhere Ansprüche an das Risikomanagement für die Hersteller neuer Technologien".

Diesen können die Hersteller mit einer strukturierten Analyse anhand der oben gestellten Fragen begegnen. Auch sei es „im frühen Entwicklungsstadium sinnvoll, eine vollständige Beschreibung des automatisierten Fahrzeugs zu geben, um eine logische Gefahrenanalyse und eine anschließende Risikoklassifizierung zu gewährleisten".

Zur Risikobewertung stehen dann eine Reihe von Methoden zur Verfügung, auf die hier nicht weiter eingegangen werden soll. Im darauffolgenden Freigabeprozess empfiehlt Winkle, ein Expertengremium damit zu beauftragen, relevante Prüfkriterien zu entwickeln. Dazu sei „ein Team von Systemingenieuren und Unfallforschern erforderlich". Die erste Gruppe biete „Wissen über die genauen Systemfunktionalitäten, Zeitabläufe und Erfahrungen mit Fehlermöglichkeiten". Unfallforscher trügen ihr „Erfahrungswissen über risikobehaftete Verkehrssituationen bei".

Letztendlich jedoch hält Winkle für „eine erfolgreiche Einführung serienreifer Fahrzeuge (...) in vivo gesammelte Erkenntnisse aus Vergangenheit und Gegenwart" für die entscheidende Voraussetzung.

Walther Wachenfeld und Hermann Winner warnen in ihrem Beitrag davor, die Testkonzepte für autonomes Fahren analog zu den bestehenden Konzepten auszurichten: „Das Festhalten an aktuellen Testkonzepten würde zu einem ökonomisch nicht vertretbaren Aufwand führen und zur Freigabefalle für das autonome Fahren werden."[70]

Stattdessen empfehlen sie drei Ansätze, um diese Freigabefalle zu umgehen: Zum einen die schrittweise Einführung der neuen Technologien bis hin zum Endzustand des Fahrroboters. Zum Zweiten seien „die notwendigen Testfälle, basierend auf Felderfahrung und statistischen Verfahren zu raffen". Die Herausforderung sei dabei die Metrik, „die eine Aussage über die Sicherheit des Systems in Abhängigkeit der absolvierten Testfälle ermöglicht". Und drittens könnten „alternative Testwerkzeuge neben der Realfahrt" eingesetzt werden. Das können beispielsweise Technologien wie „Vehicle-in-the-loop" und „Software-in-the-loop" sein, die die Technik und das Auto in einem virtuellen Umfeld testen. „Mithilfe von künstlich erzeugtem Umfeld und Fahrzeug können Testfälle gezielt aufgebaut und angefahren werden", schreiben Wachenfeld und Winner. Auch könnten die Tests so „abhängig von der eingesetzten Rechenleistung" beschleunigt und parallelisiert werden.

Dennoch warnen auch Wachenfeld und Winner davor, dass spätestens „mit dem ersten Unfall, den ein autonomes Fahrzeug verursacht", die zuvor erteilte Freigabe erneut auf den Prüfstand gestellt werden würde. Auch unter diesem Aspekt sei größtmögliche Transparenz enorm wichtig: „Dementsprechend sollte die Grundlage für die Freigabe durch die Beteiligten öffentlich diskutiert und transparent gestaltet werden."

Wann ist ein Fahrroboter sicher?

Ein wichtiger Punkt in der Freigabedebatte ist der so genannte „sichere Zustand", in den der Fahrroboter im Krisenfall gebracht werden muss. Wie Andreas Reschka vom Institut für Regelungstechnik der Technischen Universität Braunschweig schreibt[71], ist die Verwendung des Begriffes oftmals allerdings nicht eindeutig: „Sicherheit als relatives Maß ist abhängig von einer individuellen Einschätzung des Betrachters."

Um den sicheren Zustand eindeutig zu bestimmen, müsste also eine wie auch immer geartete Schwelle festgelegt werden, unterhalb der ein Risiko zumutbar ist: „Für ein autonomes Fahrzeug ist daher eine kontinuierliche Ermittlung des aktuellen Risikos basierend auf der aktuellen Situation und ein Abgleich des Risikos mit dem

---

Mögliche Fehlercodes beim autonomen Fahren
Sicherheitskonzept für selbstfahrende Autos mithilfe von sechs leicht zu merkenden und interpretierenden Fehlercodes.

FEHLERCODE	BEDEUTUNG	AKTION
F0	„OK!"	keine Aktion
F1	„Wartung notwendig"	notwendige Wartung mit reduzierter Geschwindigkeit
F2	„Nach Hause zurückkehren"	Rückkehr zur Wartungsstation mit reduzierter Geschwindigkeit
F3	„Sicheres Parken"	auf dem nächsten verfügbaren Parkplatz anhalten
F4	„Sofortiges Anhalten"	sofortiges Anhalten des Fahrzeugs am Straßenrand ohne Gefährdung anderer Verkehrsteilnehmer
F5	„Nothalt"	sofortiges kontrolliertes Bremsen in den Stillstand (mit Lenkfunktion, falls möglich)
F6	„Notbremsung"	sofortiges Stoppen des Fahrzeugs durch Betätigung der Bremsen

Schwellwert, der als gerade noch zumutbar gilt, notwendig."

Beim Projekt „Autonomes Fahren" wurde in Niedersachsen bereits 1998 ein Sicherheitskonzept entwickelt, das Reschka auch für heutige Systeme als „denkbar und sinnvoll" hält. Die obige Tabelle führt die Fehlercodes, deren Bedeutung und Aktionen auf, „die zur Erlangung eines sicheren Zustands vom Fahrzeug ausgeführt werden können".

Die größten Herausforderungen für den sicheren Zustand sind laut Reschka „hohe Relativgeschwindigkeiten, das Fehlen eines Verfügbarkeitsfahrers und das Blockieren von Rettungsfahrzeugen und -wegen". Daraus lassen sich die folgenden Sicherheitsanforderungen an das Fahrzeug ableiten:

01. *Ein autonomes Fahrzeug muss seine eigene aktuelle Leistungsfähigkeit kennen.*
02. *Ein autonomes Fahrzeug muss seine eigenen aktuellen funktionalen Grenzen abhängig von der aktuellen Situation kennen.*
03. *Ein autonomes Fahrzeug muss stets in einem Zustand betrieben werden, in dem das Risiko für Passagiere und weitere Verkehrsteilnehmer zumutbar ist.*
04. *Ein Fahrzeug, das auf einem Seitenstreifen oder am Fahrbahnrand steht und den Verkehr nicht blockiert, ist in einem sicheren Zustand.*
05. *Ein Fahrzeug, das auf einem Fahrstreifen steht, ist nur in einem sicheren Zustand, falls alle folgenden Bedingungen zutreffen:*
    a) Die Relativgeschwindigkeit zu weiteren Verkehrsteilnehmern ist unterhalb eines noch zu definierenden Maximums.
    b) Das stehende Fahrzeug blockiert keine Rettungsfahrzeuge oder Rettungswege.
    c) Ein Verfügbarkeitsfahrer oder ein Teleoperator können das Fahrzeug in kurzer Zeit von diesem Standort entfernen.
    d) Ein Verfügbarkeitsfahrer kann das Fahrzeug absichern.
06. *Ein Fahrzeug, das sich mit hohem Risiko bewegt oder an einer gefährlichen Stelle stehen geblieben ist, muss einen Notruf absetzen und Hilfe anfordern können.*

Was aber, wenn der sichere Zustand nur dann erreichbar ist, wenn Personen gefährdet werden? Jenseits der ethischen Diskussion, die bereits im ersten Kapitel geführt wurde, beschreibt Reschka dazu zwei technische Dilemma-Situationen.

Die erste Situation beinhaltet zwei Handlungsoptionen für den Fahrroboter: Anhalten oder Ausweichen. Bei Letzterem muss zwar die durchgehende Linie zwischen den Fahrstreifen überfahren werden, was einen Verstoß gegen die Straßenverkehrsordnung darstellt. Dennoch sind beide Varianten auch heute im aktuellen Straßenverkehr akzeptierte Handlungsweisen in einem derartigen Fall.

In der zweiten Situation aber kommt dem Fahrroboter auf der Gegenfahrbahn ein Auto entgegen. Option 1 verläuft ohne weitere Schäden: Es ist möglich, rechtzeitig anzuhalten. Optionen 2 bis 5 zeigen die Varianten, wenn das nicht mehr möglich ist. Bei Option 2 kollidiert der Wagen mit dem Fußgänger, bei Option 3 weicht er aus und stößt stattdessen mit dem entgegenkommenden Wagen zusammen. Option 4 lässt den Fahrroboter in die parkenden Wagen donnern, um die kinetische Energie zu reduzieren.

In all diesen Varianten kommt es zu beträchtlichem Schaden sowohl an Personen als auch an Material. Weit zu bevorzugen wäre deshalb wohl Option 5, bei der die beiden Autos so ausweichen, dass sie den Fußgänger nicht touchieren. Dies wäre dann möglich, wenn beide Autos schon autonom gesteuert werden, wie Reschka argumentiert: „Die beiden Fahrzeuge könnten gemeinsam eine Lösung finden, die dazu führt, dass das entgegenkommende Fahrzeug an den Fahrbahnrand ausweicht und das autonome Fahrzeug zwischen entgegenkommendem Fahrzeug und Fußgänger kollisionsfrei passieren kann."

Dennoch müssen natürlich bis dahin Lösungen gefunden werden, wie solche Dilemma-Situationen auch ohne Kommunikation mit anderen Verkehrsteilnehmern von Fahrrobotern gemeistert werden. Für Reschka liegt eine „der größten Herausforderungen" in der „Zuverlässigkeit und Verlässlichkeit der Umfeldwahrnehmung, die auch die Selbstwahrnehmung und Situationswahrnehmung miteinschließt".

KAPITEL IV

Zwei Dilemma-Situationen und mögliche Lösungen

Wie kann ein autonomes Auto mit einem plötzlich auf die Straße tretenden Fußgänger umgehen?

- ● Parkendes Fahrzeug
- ● Autonomes Fahrzeug 1
- ● Autonomes Fahrzeug 2
- --> geplanter Fahrweg
- → gefahrener Fahrweg
- ● Fußgänger ● Kollision

SITUATION 1

Option 1
Anhalten nötig

Option 2
Ausweichen möglich, Überfahren der durchgezogenen Linie

SITUATION 2

Option 1
Anhalten möglich

Option 2
Anhalten nötig

Option 3
Anhalten nicht möglich, Kollision

Option 4
Reduzierung der Geschwindigkeit durch Kollision mit parkendem Fahrzeug

Option 5
Kooperatives Ausweichen, Überfahren der durchgezogenen Linie, keine Kollision

Bislang führt das dazu, dass bei allen Testfahrten auf öffentlichen Straßen noch Sicherheitsfahrer im Auto sein müssen.

Es ist offensichtlich, dass in Sachen Sicherheit, Datenschutz, Freigabeprozesse und Haftungsfragen noch enormes Konfliktpotenzial auf dem Weg zum autonomen Fahren liegt. Entscheidend dafür wird auch sein, ob und wie die Menschen Fahrroboter akzeptieren – und ob das die in diesem Kapitel aufgeworfenen Bedenken zumindest teilweise ausräumen oder relativieren kann.

So zeigen die teilweise überschwänglich positiven Reaktionen auf einige Testfahrten, dass Menschen durchaus bereit sein könnten, beträchtliche Unsicherheiten und Risiken auf sich zu nehmen, um autonom fahren zu können. Allerdings konnten bislang nur sehr wenige Menschen an diesen Testfahrten teilnehmen und erleben, wie es sich in teilautonomen oder ganz autonomen Fahrzeugen fährt. Wie es bei den 99,9 Prozent der Menschen um die Akzeptanz von Fahrrobotern bestellt ist, die davon nur theoretisch gehört haben, wird im folgenden Kapitel beschrieben.

KAPITEL V

AKZEPTANZ & AUSBLICK

Und wie finden Sie das autonome Fahren?

Von der Umfrage zur Markteinführung

Der Passagier für die Testfahrt des Google-Autos war sorgfältig ausgewählt. Steve Mahan ist blind und leitet das Santa Clara Valley Blind Center in Kalifornien. Schon 2011 hätten die Google-Ingenieure ihn zum ersten Mal kontaktiert, erzählte er der „New York Times".[72] Seitdem ist er sowohl mit dem komplett autonomen eiförmigen Google-Car gefahren als auch mit dem von Google umgebauten Toyota-Prius, der noch ein Lenkrad hat. „Ich habe schon ziemlich viel Zeit in den Google-Autos zugebracht", erzählt er, „sowohl im Stadtverkehr als auch auf dem Highway." Sich vom Computer fahren zu lassen hätte sich angefühlt, als wenn er mit einem guten menschlichen Fahrer unterwegs gewesen wäre.

Nun vermisse er das Fahren sehr: „Meine Erfahrung mit Google war wunderbar." Er hoffe, dass das autonome Fahren so schnell wie möglich Realität werde: „Jeder in meiner Umgebung, der blind ist, möchte, dass es so schnell wie möglich passiert."

Zhou Lei, ein Autoexperte bei Deloitte Tohmatsu Consulting Co. in Tokyo, sieht noch eine andere, stark wachsende Kundengruppe: „Assistenzsysteme und autonome Fahr-Technologien werden definitiv die Nachfrage bei Älteren stimulieren, wenn klar ist, dass das Fahren so sicherer wird", zitiert ihn „Bloomberg Business Online".[73] Sowohl in Japan als auch in China sei das bereits abzusehen. Der Nissan-Manager Mitsuhiko Yamashita rechnet damit, dass „autonomes Fahren sehr hilfreich für alle sein kann, die körperliche Gebrechen haben oder älter sind."[74]

Auch in Deutschland setzen ältere Autofahrer auf intelligente Fahrzeugtechnik, um länger mobil zu bleiben. Wie eine Umfrage[75] des Online-Portals feierabend.de unter 1859 Autofahrern über 50 Jahren ergab, versprechen sich drei von vier Befragten davon, sinkendes Leistungsvermögen kompensieren zu können. Besonders beliebt sind der Nachtsicht-Assistent und der Totwinkel-Assistent.

Mit 50,5 Prozent fanden über die Hälfte der Befragten auch eine Entlastung durch autonomes Fahren gut, „solange die letzte Kontrolle beim Fahrer und die Technik jederzeit abschaltbar" bleibe.

Damit rückt eine Zielgruppe in den Fokus des autonomen Fahrens, die überall auf der Welt rasant wächst – die Älteren. Wie Eckard Minx und Thomas Waschke[76] von der Society and Technology Research Group der Daimler AG schreiben, geben gegenwärtig „etwa 70 Prozent der 60- bis 75-Jährigen an, gerne Auto zu fahren – oder fahren zu wollen". Der Alterung der Gesellschaft werde „bei der Gestaltung künftiger Fahrzeuggenerationen und bei der Formulierung gesellschaftlich tragfähiger Mobilitätsleitbilder Rechnung getragen werden".

Jüngere und Ältere als Early Adopter

Das „Wall Street Journal" nahm die Entwicklung im Oktober 2014 bereits zum Anlass für einen Report[77] mit der Schlagzeile „Warum selbstfahrende Autos den Ruhestand verändern werden". Ältere Menschen, die mobil bleiben wollten, könnten „Early Adopter" der neuen Technologie werden.

Und auch die Gruppe der Jüngeren kommt für diese Rolle in Frage: 18- bis 30-Jährigen geht es zunehmend darum, mobil zu sein. Das aber muss nicht unbedingt im eigenen Auto sein. Seit dem Ende der

1990er-Jahre haben sich Zahl und Anteil der Pkw-Halter zwischen 18 und 24 Jahren in Deutschland grob halbiert[78], hat das Allianz-Zentrum für Technik (AZT) herausgefunden.

Viele, die auf ein eigenes Auto verzichten oder es sich nicht leisten können, sind stattdessen per Carsharing mobil und nutzen die Kombination unterschiedlicher Verkehrsmittel. „Multimodaler und weiblicher" sei die Mobilität junger Menschen, schreibt das Münchner Institut für Mobilitätsforschung im Titel einer 2011 vorgelegten Studie.[79] Die Forschungseinrichtung der BMW Group hat dazu Trendänderungen im Mobilitätsverhalten junger Erwachsener in sechs Industrieländern (Deutschland, Frankreich, Großbritannien, Japan, Norwegen und den USA) untersucht.

In allen Ländern ging der Anteil „junger Erwachsener, die sowohl einen Führerschein haben als auch in einem Haushalt mit Auto leben" zurück. Zudem nahm außer in Japan und den USA überall der „Pkw-Anteil an den Wegen junger Erwachsener" ab, besonders deutlich in Deutschland. Junge Männer haben ihr Verhalten überproportional stark geändert und ihre im Auto zurückgelegten Kilometer deutlicher reduziert als junge Frauen.

Als Gründe nennen die Forscher „Angebotsänderungen im Verkehrssystem, die zunehmende Durchdringung des Alltags durch Informations- und Kommunikationstechnologien und eine abnehmende Bedeutung des Autos für soziale Teilhabe". Auch spielten ein zunehmender Pragmatismus und Flexibilität eine Rolle.

Die Studie simuliert einige typische Nutzungsfälle und beschreibt dabei Julia, wie sie im Herbst 2010 Vorbereitungen zu ihrem 25. Geburtstag trifft. Sie hat kein eigenes Auto, aber für den Großeinkauf haben ihre Eltern angeboten, dass sie gerne eines ihrer Autos nutzen könne. Doch Julia ist es zu nervig, stundenlang unterwegs zu sein, um das Auto bei ihren Eltern abzuholen und wieder hinzubringen. Sie bucht einfach mit dem Smartphone ein Carsharing-Auto für den Großeinkauf.

Von diesem Szenario aus ist es nicht weit bis zur Nutzung von autonomen Autos: Gegenüber den Carsharing-Lösungen hat der Nutzer hier sogar noch den Vorteil, sich wie im Taxi fahren zu lassen. Julia könnte sich mitsamt dem erledigten Großeinkauf direkt vor ihre Haustür fahren lassen und müsste noch nicht einmal einen Parkplatz suchen, da das autonome Carsharing-Auto zum nächsten Nutzer eilt oder sich selbst einparkt.

Um nun auszuloten, wie das autonome Fahren bei unterschiedlichen Gruppen ankommt, haben Eva Fraedrich vom Geographischen Institut der Humboldt-Universität zu Berlin und Barbara Lenz[80], Professorin am Deutschen Zentrum für Luft- und Raumfahrt sowie am Institut für Verkehrsforschung in Berlin, rund 1000 Bürger und Bürgerinnen befragt. Sie bilden einen repräsentativen Querschnitt durch die Bevölkerung in Deutschland, auch in ihrer Alterszusammensetzung.

Dabei wurden die Befragten in vier gleich große Gruppen aufgeteilt und ihnen nach dem Zufallsprinzip eines von vier Einführungs-Szenarien in Form einer Kurzbeschreibung vorgelegt:

01. Autobahnpilot: *Auf Autobahnen oder autobahnähnlichen Schnellstraßen kann das Fahren an das Fahrzeug übertragen werden. Die Fahrerin/der Fahrer muss in dieser Zeit nicht auf den Verkehr bzw. die Fahraufgabe achten und kann anderen Tätigkeiten nachgehen.*

02. Autonomes Valet-Parken: *Nach dem Aussteigen aller Passagiere kann das Fahrzeug allein zu einem vorher festgelegten Parkplatz fahren und von dort auch wieder zurück zu einer Abholadresse.*

03. Vollautomatisiertes Fahrzeug: *Auf Wunsch oder bei Bedarf kann das Fahren an das Fahrzeug übertragen werden. Die Fahrerin/der Fahrer muss in dieser Zeit nicht auf den Verkehr oder die Fahraufgabe achten und kann anderen Tätigkeiten nachgehen.*

04. Vehicle-on-Demand: *Ein Vehicle-on-Demand ist ein Fahrzeug, das seine Passagiere ohne Fahrerin oder Fahrer fährt. Menschen können in einem solchen Fahrzeug nicht mehr selbst fahren – im Innenraum des Fahrzeugs gibt es daher auch kein Lenkrad und keine Pedalerie mehr.*

Insgesamt zeigten 57 Prozent der Befragten Interesse am Thema autonomes Fahren. 44 Prozent sagten, sie hätten keine Kenntnisse darüber. Nur vier Prozent bezeichneten sich selbst als gut informiert und fachkundig. Fast acht von zehn Befragten (78 %) informieren sich dabei in den Massenmedien, 64 Prozent befragen direkt einen Experten, 56 Prozent besprechen sich mit Freunden und Kollegen und 40 Prozent tauschen sich in sozialen Medien aus.

Allerdings können sich derzeit nur sehr wenige vorstellen, ihr eigenes Fahrzeug oder Lieblingsverkehrsmittel durch ein autonomes Auto zu ersetzen. Je nach Szenario, das den Befragten vorgelegt wurde, können sich nur zwischen 11 und 15 Prozent vorstellen, auf die jeweilige Form des autonomen Autos umzusteigen. 27 Prozent können sich „wenig oder gar nicht" vorstellen, umzusteigen.

Gut? Schlecht? Weiß nicht?

Welche Gefühle wir gegenüber unterschiedlichen Typen der Fahrroboter hegen (Wertungen in Prozent der Befragten).

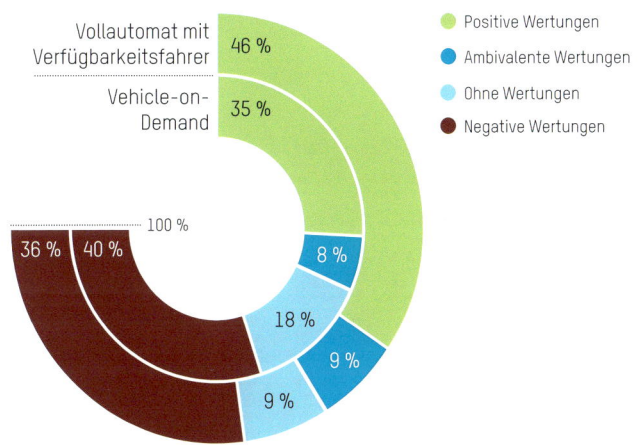

AKZEPTANZ & AUSBLICK — 157

KAPITEL V

Diese Ablehnung wird umso deutlicher, je konkreter das autonom fahrende Fahrzeug beschrieben wird. Am stärksten trifft die Ablehnung das Vehicle-on-Demand: Über die Hälfte der Befragten, genauer gesagt 54 Prozent, können sich „wenig oder gar nicht" vorstellen, es gegen ihr Auto oder Lieblingsverkehrsmittel einzutauschen.

Um genauer herauszufinden, was die Menschen an den autonomen Fahrzeugen stört, konnten sie in bis zu 15 Freitextfeldern in eigenen Worten erklären, was sie unter einem autonomen Auto verstehen. Auch

Und morgen fahre ich dann ...
Die Grafik zeigt die Bereitschaft, sein derzeitiges Verkehrsmittel durch folgende Versionen des autonomen Fahrens zu ersetzen

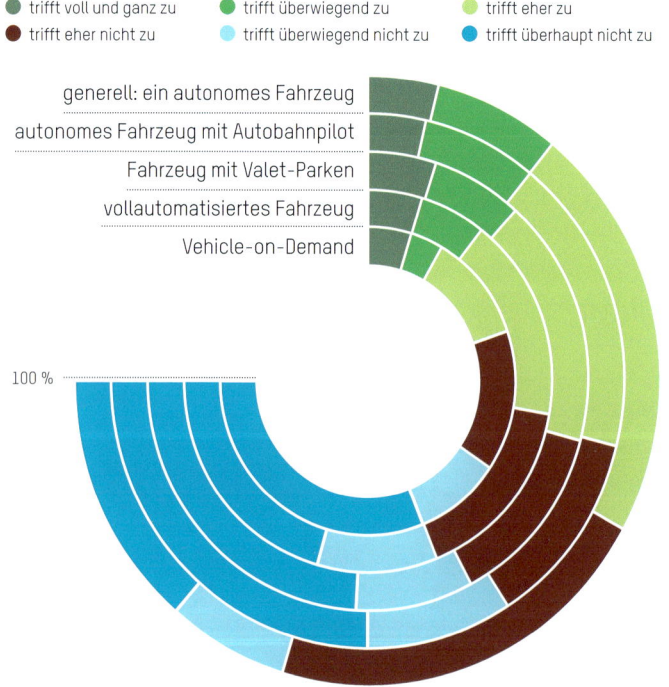

hier erhielt das Vehicle-on-Demand die wenigsten positiven Wertungen.

Unter den positiven Wertungen beim Vollautomaten mit Verfügbarkeitsfahrer wurden dabei folgende Adjektive am häufigsten genannt: „bequem" (17%), „gut" (13%) und „sicher" (11%). Zu den ambivalenten Wertungen zählen die folgenden: Vollautomaten sind „die Zukunft" (48%), „utopisch" (23%) und „gewöhnungsbedürftig" (22%). Negative Wertungen waren „nichts für mich" (16%), „teuer" (15%) und „unnötig" (12%).

Beim Vehicle-on-Demand waren die häufigsten positiven Nennungen „nützlich" (15%), „bequem" (14%) und „entspannend" (13%). Ambivalente Nennungen umfassten „die Zukunft" (41%), „utopisch" (41%) und „gewöhnungsbedürftig" (18%). In der negativen Kategorie fielen die Begriffe „nichts für mich" (16%), „technikabhängig" (12%) und „unnötig" (11%).

Die Befragung macht nach Ansicht von Fraedrich und Lenz deutlich, dass speziell einem Vehicle-on-Demand mehr negative als positive Gefühle entgegengebracht werden. Das kann aber auch damit zu tun haben, dass viele einfach nicht wissen, um was es sich dabei genau handelt.

Wenig Wissen, viel Skepsis

Deshalb haben die Autorinnen auch noch drei Gruppendiskussionen in Berlin moderiert, um die Einstellungen zum autonomen Fahren tiefer zu erforschen. Dabei hatten alle Teilnehmer einen höheren Bildungsabschluss und konnten dem akademischen Bereich zugeordnet werden. Sie waren zwischen 20 und 50 Jahre alt und wohnten allesamt in Berlin. Die Diskussionen wurden mit je fünf, sechs und sieben Teilnehmern durchgeführt, insgesamt elf Männern und sieben Frauen. Alle nutzten regelmäßig ein Auto, nicht alle besaßen eines.

Jede Gruppe bekam dann die beiden Szenarien „Vollautomat mit Verfügbarkeitsfahrer" und „Vehicle-on-Demand" vorgelegt sowie eine kleine Geschichte zum Thema, wie das Fahren von morgen aussehen könnte. Dabei hat eine „Yvonne" genannte Protagonistin die Zeit ohne Fahraufgaben unter anderem dafür genutzt, anfallende Arbeiten wie die Beantwortung von E-Mails zu erledigen. Der Fokus lag auf typischen Organisationstätigkeiten wie Kinder zur Schule bringen oder Einkäufe organisieren und nicht auf Entspannungsaktivitäten wie aus dem Fenster schauen oder Filme gucken.

Das kam bei den Befragten mehrheitlich nicht gut an. Sie befürchteten, dass „die Technologie letztlich einen Trend vorantreiben könnte, den viele heute schon als bedenklich identifizierten: eine immer stärker an Leistung und Effizienz orientierte Gesellschaft". Hier einige der relevanten Zitate:

Johanna: „Und dass sich immer mehr das Privatleben und das Arbeitsleben vermischt und man zum totalen Workaholic wird."

Timo: „Größer wird diese Belastung, gleichzeitig immer mehr Dinge am selben Ort tun zu müssen."

Fraedrich und Lenz schreiben dazu: „Aus der Freiheit und der Möglichkeit, sich während der Autofahrt anderweitig zu beschäftigen, würde damit ein Druck, solch eine Beschäftigung in den Dienst der Effizienz zu stellen." Demgegenüber wurde die Aufgabe, sich konzentrieren zu müssen, beim konventionellen Autofahren als etwas Positives dargestellt:

Johanna: „Das ist ja eigentlich auch was Schönes beim Autofahren, dass man sich auf diese Sache jetzt konzentrieren muss und auch was mit den Händen macht und eben nicht schon die E-Mails von der Arbeit checkt. Das fängt erst an, wenn man im Büro sitzt."

Auch die Technikabhängigkeit und der mögliche Kontrollverlust werden sehr skeptisch gesehen. Interessanterweise wurde auch thematisiert, dass der Spaß beim Fahren wegfällt und die Nutzer träge werden:

Johanna: „Was ist eigentlich dann noch der Unterschied zu den öffentlichen Verkehrsmitteln? Denn am Auto schätze ich eigentlich immer, dass ich das selbst in der Hand habe, dass ich das selbst einschätzen kann. Und wenn ich halt zu spät bin, dann drücke ich ein bisschen aufs Gas."

Bettina: „Diese Bewegung fällt ja dann weg, weil du kannst dich überall von dem Auto abholen lassen; du wirst faul, du wirst träge, du fährst nur noch mit dem Auto, weil es ja egal ist, ob du dich krank fühlst oder nicht oder wie es dir geht – du kannst ja alle Wege mit dem Auto machen."

Auch zeigt die Befragung wenig Vertrauen in die Sicherheit von autonomen Fahrzeugen:

„Wie berechenbar sind denn die Autos?" und *„Wenn das System ausfällt und das Internet keine Verbindung hat?"* (Nico), *„Ob Fernsteuerung möglich ist?"* (Thorsten), *„Was passiert, wenn dieses System jetzt gehackt wird?"* und *„Können diese autonomen Autos auch wirklich autonom sein?"* (Bettina), *„Woher denn eigentlich die Aussage, dass das Ganze sicher sein soll?"* (Herta).

Insgesamt zeigte sich in den Diskussionen, dass zwar positive Aspekte der Technologie wahrgenommen werden, sie „jedoch weder in einen konkreten Nutzungszusammenhang eingebettet noch mit positiven Vorstellungen über eine zukünftige Gesellschaft verbunden" werden. Deutlich dominanter sind die negativen Erwartungen, die sich mit den Schlagworten „soziale Isolation, soziale und wirtschaftliche Folgen, Technikabhängigkeit, zunehmende Trägheit und den Druck, in einer vor allem auf Leistung ausgerichteten Gesellschaft mithalten zu müssen", zusammenfassen lassen.

Für Fraedrich und Lenz stellen diese Ergebnisse die derzeit weit verbreitete Annahme, das autonome Fahren lasse eine generelle Offenheit und eine hohe Akzeptanz erwarten, in Frage. Denn sobald es konkreter wird, nehmen die negativen Bewertungen zu. Allerdings ist auch das Wissen um das autonome Fahren noch ausbaufähig, denn 44 Prozent der Befragten haben zugegeben, nichts über das autonome Fahren zu wissen.

Nutzen direkt herausstellen

Beide Autorinnen empfehlen deshalb nutzer- und anwendungsbezogene Untersuchungen: „So sollten Szenarien, mit denen gearbeitet wird, noch stärker die Lebenswelt und das Relevanzsystem der unterschiedlichen Nutzerinnen und Nutzer berücksichtigen. Klar wurde in diesem Zusammenhang zumindest, dass das Vertrauen gegenüber der noch relativ unbekannten Technologie derzeit eher gering ausgeprägt ist." In Zweifel gezogen würde, dass autonome Fahrzeuge überhaupt sicher sein könnten. Auch gibt es derzeit keine konkrete Vorstellung davon, was die Technologie leisten kann – und auch nicht davon, wie mögliche vom Computer verursachte Schäden reguliert werden würden.

David Woisetschläger, Professor am Institut für Automobilwirtschaft und Industrielle Produktion der Technischen Universität Braunschweig, hat mithilfe fiktiver Pressemeldungen die Kaufbereitschaft verschiedener Gruppen untersucht.[81] Auch interessierte es ihn, ob es einen Unterschied macht, wenn die neuen Assistenzsysteme beziehungsweise die autonomen Fahrzeuge von etablierten Herstellern aus dem Autobereich angeboten werden oder von neuen Anbietern wie Technologiekonzernen.

Kaufbereitschaft ausloten

Die Pressemeldung kündigte an, dass ein so genanntes „ADX-System" gegen einen Aufpreis von 3 500 Euro verfügbar sei und nach Auffahrt auf die Autobahn „sämtliche Fahrfunktionen (…) bei einer manuell wählbaren Reisegeschwindigkeit von maximal 160 km/h" übernehmen würde.

39,1 Prozent sagten, es sei unwahrscheinlich oder sehr unwahrscheinlich, dass sie „das System in näherer Zukunft kaufen" würden. 17,2 Prozent der Befragten aber gaben eine „hohe oder sehr hohe Kaufbereitschaft" für das System an. Dies zeige nach Ansicht von Woisetschläger, „dass es bereits heute ein größeres Marktsegment gibt, das sich einen Kauf eines automatisierten Fahrsystems vorstellen kann, jedoch auch noch Akzeptanzprobleme bestehen".

Deshalb untersuchte er in einem nächsten Schritt, ob die Marke des Herstellers einen Unterschied macht. Und in der Tat steigt die Kaufbereitschaft, je stärker die Marke ist. Das gilt sowohl für Hersteller aus dem Automobilsektor als auch aus dem Technologiesektor: Wer über eine starke Marke verfügt, dem wird mehr Vertrauen in die Technik und die Funktionsfähigkeit der Produktinnovation entgegengebracht: „Starke Marken können einen wichtigen Beitrag zur Vermarktung der automatisierten Fahrtechnologie leisten, da die Unterschiede in der Markeneinstellung im Modell einen positiven Zusammenhang mit dem symbolischen Wert, dem Preis-/Leistungsverhältnis, der Vorteilhaftigkeit und dem funktionalen Vertrauen aufweisen."

Dabei unterscheiden die Befragten hierbei nicht zwischen den Marken der Automobilhersteller und denen von Technologiefirmen: „Daher können starke Marken von Technologiekonzernen wie Apple oder Google die Wettbewerbsposition der etablierten Automobilhersteller gefährden, und zwar insbesondere derjenigen Hersteller, deren Marke vergleichsweise schwach ist."

Woisetschläger wollte auch wissen, ob Automobilmarken von einer Markenallianz mit einer starken Technologiemarke profitieren können. Dabei wurde die Pressemitteilung dahingehend verändert, dass nun zwei Hersteller – eine Auto- und eine Technologiemarke – das Produkt entwickelt und angeboten haben.

Zu erwarten wäre, dass zumindest eine schwache Automarke von einer Allianz mit einer starken Technologiemarke profitieren würde. Das aber ist nicht der Fall: „Die Ergebnisse legen nahe, dass die Bewertung des automatisierten Fahrsystems durch eine Markenallianz zwischen einem Automobilhersteller und einer Technologiemarke nicht verbessert wird – und zwar unabhängig davon, ob die Technologiemarke gleich oder besser im Vergleich zur Automobilmarke bewertet wird."

Die Konsumenten bildeten „ihre Kaufbereitschaft in einem starken Maße basierend auf ihrer Einschätzung der Vertrauenswürdigkeit des Angebots aus". Diese werde im Wesentlichen von den Sicherheitsbedenken und der Autonomiewahrnehmung beeinflusst: „Im Falle einer starken Automobilmarke werden die Sicherheitsbedenken bei einer

Markenallianz mit einer Technologiemarke sogar noch negativer bewertet als bei einer Einzelmarkenstrategie."

In einem weiteren Schritt wurde für ebenfalls 3 500 Euro ein Parkassistent angeboten, der das Auto selbstständig einparkt und vorfährt, um den Nutzer abzuholen. Für denselben Betrag gab es zudem einen vollautomatischen Fahrroboter, der alle Fahrfunktionen bis maximal 160 km/h übernimmt und bei dem der Passagier keine Möglichkeit mehr hat, selbst ins Fahrgeschehen einzugreifen.

18,6 Prozent der Befragten interessierten sich für das Parksystem, aber nur 10,9 Prozent für den Fahrroboter. Als wichtigstes Indiz für die Kaufbereitschaft stellte sich die „wahrgenommene Vorteilhaftigkeit" heraus – also der Nutzen durch das vollautomatisierte Parken für den Verbraucher. Beim Fahrroboter war das „funktionale Vertrauen" entscheidend – also die Frage, ob der Nutzer sich dem Fahrroboter anvertrauen kann.

Immerhin jeder sechste der Befragten kann sich vorstellen, „einen Autobahnpiloten oder einen vollautomatischen Valet-Parkassistenten zu kaufen, unabhängig von der geringen zur Verfügung gestellten Information", schreibt Woisetschläger. Jede zehnte Person weise „eine hohe bis sehr hohe Kaufabsicht für vollautomatisierte Fahrzeuge auf, die den Passagier von jeglichen manuellen Fahreingriffen ausschließen". Woisetschläger geht davon aus, dass die Akzeptanz im Zeitverlauf deutlich steigen wird, wenn „die beschriebenen Systeme aus Kundensicht für nützlich und zuverlässig befunden werden".

Für vertiefende Studien empfiehlt Woisetschläger auch die Nutzung von Videos. Sie könnten Methoden wie die von ihm genutzten Pressemeldungen komplettieren. So könne umfassend untersucht werden, wie „durch automatisierte Fahrzeuge ausgelöste kritische Vorfälle durch Konsumenten wahrgenommen werden".

Diese Risiken lassen sich nach Ansicht von Armin Grunwald, Professor am Institut für Technikfolgenabschätzung und Systemanalyse am Karlsruher Institut für Technologie,[82] in drei Bereiche einteilen: Erstens geht es darum, wie die Gesellschaft mit dem für sie neuen

Phänomen des autonomen Fahrens umgeht. Dazu zählt auch, wer dabei geschädigt werden könnte und wie wahrscheinlich diese Schäden eintreffen. Ein zweiter Bereich dreht sich um die Erfahrungen aus bisherigen Risikodebatten und was daraus für das autonome Fahren gelernt werden kann. Und schließlich stellt sich die Frage, wie das so ermittelte gesellschaftliche Risiko bewertet werden kann, also wie wir de facto damit umgehen.

Wie der Risikotheoretiker Ortwin Renn von der Universität Stuttgart schreibt, ist die „ambivalente Haltung gegenüber Technik (...) weitgehend auf den wahrgenommenen Verlust an Kontrolle der eigenen Lebenswelt und der eigenen Lebenszeit zurückzuführen".[83] Bei Befragungen geben regelmäßig eine große Zahl von Menschen an, dass ihnen der technische Wandel viele Annehmlichkeiten ermöglichen würde. Gleichzeitig aber beklagen sie befürchtete gesellschaftliche Folgen eben dieses technischen Wandels. Diese „Tatsache erlebter Ambivalenz" sei nicht zu ändern, argumentiert Renn.

Auf die Risikodiskussion bezogen schlägt Grunwald deshalb vor, die Risiken des autonomen Fahrens so detailliert wie möglich zu benennen und dadurch in besser handhabbare kleinere Einheiten zu zerlegen. Die wiederum könnten dann strategisch eine nach der anderen angegangen werden. Die so entstandene Risikolandkarte reicht von den Unfallszenarien über Störungen am Verkehrssystem beispielsweise durch Hackerangriffe, unzureichende Investitionen, Umbrüche am Arbeitsmarkt durch wegfallende Jobs bis hin zu Fragen der Zugangsgerechtigkeit, Privatheit und Abhängigkeit von technischen Systemen.

Als relativ problemlos stellt sich die Risikokonstellation Unfall dar. Zum einen sind die Verkehrsnutzer schon jetzt mit dem Phänomen vertraut, zum anderen betreffen sie immer nur eine begrenzte Anzahl von Menschen. Zwar wird es beim autonomen Fahren zu neuen Unfallformen kommen, beispielsweise beim automatischen Einparken. Aber eine transparente Regelung der Haftung könne dieses Risiko beherrschbar machen.

Anders sieht es mit dem Verkehrssystem selbst aus. Kommt es hier bei der Steuerung und Koordinierung zu Problemen, könnte der Verkehr zeitweise gestört oder gar lahmgelegt werden. Statt um ein lokales Ereignis wie bei einem Verkehrsunfall würde es sich dann um einen regional oder sogar überregional bedeutenden Störfall handeln. Dieses Risiko bedarf einer breiten gesellschaftlichen Diskussion, um akzeptiert zu werden.

Neue Jobs entstehen, alte fallen weg

Das Investitionsrisiko beim autonomen Fahren betrifft vor allem die beteiligten Unternehmen und wird sich im gesellschaftlichen Diskurs nicht dominant niederschlagen. Ganz anders ist das jedoch bei der Risikokonstellation Arbeitsmarkt. Die technischen Umbrüche durch das autonome Fahren werden sich – wie schon bei technischen Entwicklungen in der Vergangenheit – sicher auch am Arbeitsmarkt auswirken. Lastwagenfahrer, Taxifahrer und Mitarbeiter von Logistik- und Zustellunternehmen sind davon in erster Linie betroffen. Auf der anderen Seite entstehen neue Berufsfelder in der Steuerung und Überwachung des autonomen Verkehrs. Zudem werden in Entwicklung, Test und Herstellung der entsprechenden Systeme hoch qualifizierte Mitarbeiter benötigt, vor allem in der Zulieferindustrie.

Im Prinzip ist das nicht anders als bei früheren Automationswellen: Einfache Arbeitsplätze fallen zunehmend weg, höher qualifizierte entstehen neu.

Über die Zahl der jeweiligen Veränderungen lässt sich derzeit noch nichts sagen. Bundesarbeitsministerin Andrea Nahles (SPD) hat im April 2015 einen Dialogprozess gestartet, um die Folgen der Digitalisierung auf die Arbeitswelt auszuloten, und ein so genanntes „Grünbuch" vorgestellt.[84] Eine offensichtliche Lösungsstrategie ist, pro-aktiv mit den Veränderungen umzugehen. Weiterbildung und Qualifizierungen sind dabei essenziell. Gewerkschaften, Arbeitgeber und die Arbeitsagentur müssen die Entwicklung aufmerksam beobachten und begleiten.

Ein weiteres Risiko liegt in der Frage der Privatsphäre. Bereits heute liefern moderne Autos eine breite Datenspur, die beim autonomen Fahren weiter zunehmen wird. Ein Ausweg dabei wäre allerdings die Anonymisierung der Daten: Zumindest theoretisch könnten vollautonome Autos ohne die Erhebung von persönlichen Daten benutzt werden, wenn Bestellung und Bezahlung anonym erfolgen.

Allerdings ist fraglich, ob diese anonymisierten Methoden gewählt werden. Schon heute sind Bewegungsprofile für viele interessant, von den Strafverfolgungsbehörden über Stadtplaner bis zu Unternehmen.

Das führt zum Risiko des Total- oder Teilausfalls der technischen Systeme, sei es durch interne Fehler oder auch externe Umstände wie beispielsweise Cyberangriffe. Dieses Szenario greift allerdings voll erst dann, wenn alles autonom fährt.

Dann stellt sich auch die Frage, wie riskant der Kompetenzverlust ist, wenn Menschen zunehmend autonom fahren. Verlernen sie dann eventuell, auch selbst das Steuer wieder zu übernehmen?

Aus Sicht von Risikoforscher Grunwald werde die gesellschaftliche Risikowahrnehmung „stark davon abhängen, wie das autonome Fahren eingeführt wird". Geschieht es allmählich, könne auch allmählich gelernt werden – und das Risiko für eine „Skandalisierung" des autonomen Fahrens als „Hochrisikotechnologie für Insassen und externe Betroffene" sei gering. Auch seien bereits zunehmend Assistenzsysteme auf dem Markt, die dieses Lernen erleichtern: „Das Automatikgetriebe ist bereits einige Jahrzehnte alt, mit ASB, ESP und Einparkhilfen sind wir vertraut, und weitere Schritte auf dem Weg zu einem immer stärker assistierten Fahren sind in der Entwicklung. Eine inkrementelle Einführung erlaubt ein Maximalmaß des Lernens und würde auch die allmähliche Adaptation etwa des Arbeitsmarktes oder der Anforderungen an Privatheit (...) erlauben."

Generell gilt, dass neue Risikoformen immer im Vergleich zu dem gesetzt werden, was wir schon kennen. Beim autonomen Fahren ist das besonders einfach, da es mit dem traditionellen Fahren verglichen werden kann. Wir steigen in den Fahrroboter ein, fahren los – und können uns im besten Fall schon nach Minuten ein Bild machen. Das berichten zumindest Menschen, die bereits mit autonomen Autos gefahren sind. „Die Autos fahren eine perfekte Kurve", sagt beispielsweise Lars Thomsen von der future matters AG im schweizerischen Erlenbach. Er ist im Frühjahr 2015 mit dem autonomen Google-Pod gefahren und war nach Minuten überzeugt von der Technologie[85]. Als er später wieder in einem normalen Auto mitgefahren sei, sei ihm unangenehm aufgefallen, dass der menschliche Fahrer das mit den Kurven weit weniger gut hinbekommen habe.

Gerade weil beim autonomen Fahren dieses persönliche Erleben so prägend wirkt, sind wahrscheinlich auch die vielen Umfragen über autonomes Fahren von eher geringerem Wert. Menschen müssen die Fahrroboter einmal erlebt haben, um sich ein stimmiges Bild machen zu können. Das zeigen auch die Testberichte von Journalisten, die bereits in einem autonomen Auto mitfahren konnten. Sie sind weitestgehend positiv – und diese Grundüberzeugung stellt sich schon nach wenigen Minuten im Auto ein, wie die diesbezüglichen Schilderungen in Kapitel III zeigen.

Dennoch soll kurz noch auf die steigende Zahl der Umfragen zum Thema eingegangen werden: Allein drei große Umfragen wurden zwischen September 2013 und April 2015 veröffentlicht. Jedes Mal werden sehr unterschiedliche Dinge gefragt – und das kann die Antworten beeinflussen (siehe Infotext auf der nächsten Seite).

Deshalb ist es wichtig, vorab zu klären, was „Akzeptanz" des autonomen Fahrens denn nun genau bedeutet. Eva Fraedrich und Barbara Lenz[86], beschreiben sie unter anderem als „Bereitschaft zu etwas, was der Akzeptanz eine aktive Komponente gibt".

Damit unterscheide sie sich „auch von der bloßen Duldung, dem Ausbleiben von Widerstand, aber auch von der Toleranz". Akzeptanz vollziehe sich im Rahmen von sozialen und technischen Konstruktionsprozessen: Sie sei „abhängig von Personen, deren Einstellungen, Erwartungen und Handlungen, ihrer Umwelt, ihrer Werte- und Normrahmung etc., aber auch von Veränderungen im Lauf der Zeit".

Lenz und Fraedrich betonen, dass sich diese Technikakzeptanz im Laufe der Zeit änderte und das „Prozesshafte von Technikgenese und Technikaneignung" deshalb auch die Forschung vor große Herausforderung stelle. Das typische Messinstrument dabei sei die Meinungsumfrage.

> *Umfragen: Mal so, mal so*
>
> *Schon im Jahr 2013 hat die Beratungsgesellschaft Ernst & Young[87] in einer repräsentativen Umfrage erforschen lassen, wie die Deutschen zum autonomen Fahren stehen. Dabei konnten sich mehr als 40 Prozent von 1000 Befragten vorstellen, dem Autopiloten künftig das Steuer zu überlassen. Wenn sie in Notfällen eingreifen könnten, wären es zwei Drittel, die sich einem Fahrroboter anvertrauen würden. Zwölf Prozent lehnten es ab, ein Roboterauto zu nutzen.*
>
> *Vor allem junge Leute und Befragte mit hohem Einkommen seien aufgeschlossen für autonomes Fahren. Wie „Spiegel Online" damals meldete, sind „Männer und Vielfahrer deutlich eher bereit, sich ohne eigenes Zutun durch den Verkehr navigieren zu lassen".*
>
> *Ganz anders hingegen die Ergebnisse einer anderen Umfrage vom September 2014: Danach fehlten knapp „70 Prozent derzeit noch das Vertrauen, wenn das Fahrzeug eigenständig steuert. Gleichzeitig kann sich eine Mehrheit der Autofahrer gut vorstellen, in Zukunft auf Langstrecken am Lenkrad vom autonomen Fahrzeug abgelöst zu werden". Das zeige eine aktuelle bevölkerungsrepräsentative Umfrage von CSC mit dem Titel „Smart Car – Das Auto der Zukunft".[88] „Auf dem Weg zum selbstfahrenden Auto müssen die Hersteller bei den deutschen Autofahrern noch wichtige Überzeugungsarbeit leisten", sagte Claus Schünemann, Vorsitzender der Geschäftsführung von CSC in Deutschland, bei der Vorstellung.*

> *Bei einer im Frühjahr 2015 gemachten Befragung der Puls Marktforschung beurteilten dann ein Drittel (32%) der gut 1000 Befragten[89] die Entwicklung der selbstfahrenden Autos als positiv. Dies seien „knapp elf Prozentpunkte mehr als bei der gleichen Frage vor zweieinhalb Jahren". Völlig dagegen sind nur noch 14,5 Prozent der Befragten (2012: 24,5%). Skeptisch steht der Entwicklung immer noch knapp die Hälfte (48%) der Umfrageteilnehmer gegenüber, etwas mehr als 2012 (44%).*
>
> *Geht es um die tatsächliche Nutzung autonomer Fahrzeuge, präferierten zwar immer noch rund die Hälfte der Befragten das herkömmliche Fahren (49%). Aber immerhin 43 Prozent ziehen das teilautonome Fahren vor, fünf Prozent würden am liebsten vollautonom fahren.*
>
> *Was diese drei Umfragen zeigen, ist vor allem eines: Wenn die Meinung der Menschen in Deutschland zum autonomen Fahren erhoben wird, kommt es sehr darauf an, wie die Fragen gestellt werden. Das allerdings ist eine alte Weisheit beim Erheben von Umfragen – und keineswegs auf das Thema autonomes Fahren beschränkt.*

Weil Meinungsumfragen ein „recht heterogenes Bild" zeigen, wie Lenz und Fraedrich zurückhaltend formulieren, haben die Wissenschaftlerinnen sich für einen andere Methode entschieden, um die Akzeptanz für autonomes Fahren zu erforschen. Sie untersuchten Online-Artikel, die in Deutschland und den USA erschienen sind. Die beiden Regionen wurden ausgesucht, weil sie „zu den tonangebenden Ländern im Automobilbereich zählen" und dort „eine breitere Diskussion um autonomes Fahren schon begonnen hat".

Dabei wurden die Webseiten von „allgemeinbildenden" Zeitungen untersucht und zudem die Spezial-Webseite „Heise Online", die eher technikaffine Leser und Leserinnen hat. „Ein Kriterium für die Auswahl der Artikel war, dass die Online-Nachrichtenportale, in denen sie veröffentlich wurden, ein ‚repräsentatives' Bild der deutschen und US-amerikanischen Printmedienlandschaft spiegeln und somit davon ausgegangen werden kann, dass die Artikel den aktuellen öffentlichen Diskurs zum autonomen Fahren einerseits wiedergeben und andererseits mitprägen." So konnten 827 Kommentare zu 16 Artikeln analysiert werden, die sich vor allem auf die Straßenzulassung der „Google Driverless Cars in Kalifornien Ende September 2012" bezogen, „um eine möglichst gute Vergleichbarkeit" zu gewährleisten.

Zwei Drittel der Kommentare über die „antizipierten Eigenschaften und Konsequenzen" des autonomen Fahrens sind „deutlich positiv konnotiert, in den deutschen Medien-Kommentaren sind es sogar um die 70 Prozent". Oft erwähnt wurde dabei der Sicherheitsaspekt. Auf der negativen Seite kamen vor allem gesellschaftliche Konsequenzen zur Sprache wie der Verlust von Arbeitsplätzen, aber auch Datenmissbrauch und die Möglichkeit zur Überwachung der Fahrer. Besonders in Deutschland wurden zudem Fragen von „Haftung, Versicherung und Recht" diskutiert.

Insgesamt fanden die Autorinnen, dass „US-amerikanische Kommentare im Vergleich zu ihren deutschen Pendants deutlich häufiger eine stark gesellschaftspolitisch konnotierte Betrachtung des autonomen Fahrens vornehmen". Auch gebe es viele Kommentare, bei „denen Spaß, individuelle Freiheit und Steuerungskontrolle im Zentrum der Motivation zur Autonutzung stehen. Damit geht gleichzeitig meist eine ablehnende Haltung gegenüber dem autonomen Fahren einher." Das betreffe 79 Prozent der Kommentare in den US-Medien gegenüber 43 Prozent in den deutschen Medien und nur 25 Prozent auf der technologieaffinen Webseite „Heise Online".

Dort wurden hingegen die Haftungsfragen „am stärksten kontrovers diskutiert, während auf US-amerikanischer Seite in den wenigen Aussagen zu diesem Thema alle Schreibenden die Haftung künftig beim Hersteller sehen". In Deutschland argumentieren dagegen 58 Prozent der Schreibenden, sie solle beim Halter des Fahrzeugs liegen.

Keine generelle Technik-Skepsis

Insgesamt zeigen die Kommentare, dass die Deutschen keineswegs technikfeindlich sind, wie ihnen oft und nach Meinung der Autorinnen zu Unrecht unterstellt wird. Aber es zeigt sich auch eine Ambivalenz gegenüber selbstfahrenden Autos, die ernst genommen werden muss: „Während das autonome Fahrzeug als solches eine vornehmlich positive Bewertung erfährt, gibt es doch gleichzeitig ein ausgeprägtes Misstrauen und eine deutliche Skepsis bis hin zur Ablehnung gegenüber dem autonomen Fahren und der Einführung von autonomen Fahrzeugen in das Verkehrssystem. Diese Einstellung ist besonders häufig mit der Angst vor negativen sozialen Folgen, aber auch dem Verlust von Freiheit assoziiert."

Lenz und Fraedrich empfehlen, diese „ambivalenten Ergebnisse in Bezug auf die Motivation zur Autonutzung" genauer zu erforschen: So könne dann eingeordnet werden, „welche individuelle, aber auch gesellschaftliche Bedeutung Autonutzung und -besitz heute hat, welche symbolischen, emotionalen und instrumentellen Eigenschaften dem autonomen Fahrzeug zugeschrieben werden und welchen Einfluss auf die Akzeptanz von autonomem Fahren die aktuelle Autonutzung und der Autobesitz erwarten lassen."

Auch dies ist ein klarer Appell, bei der Popularisierung des autonomen Fahrens noch viel stärker auf die aktuellen Lebenswelten der unterschiedlichen Nutzergruppen einzugehen. In Diskussionen mit Älteren könnte die Erhaltung oder sogar Neugewinnung der Mobilität mit Fahrrobotern im Fokus stehen. Bei Jüngeren dürfte der praktische Nutzen zählen, immer und überall mobil sein zu können, ohne sich mit dem Besitz eines Autos belasten zu müssen. In der Altersgruppe dazwischen wird es eine Vielzahl von Diskussionsansätzen geben – je nach sozialer und wirtschaftlicher Situation der Diskutierenden.

Wie Minx und Waschke schreiben, werden Mobilitätsdienstleistungen im Automobilbereich künftig zentrale Elemente der Wertschöpfung: „Mobilität wird langfristig zum anbieterspezifischen Produkt."[90] So werde der Automobilhersteller von heute morgen der Anbieter von Mobilitätsdienstleistungen sein. Auch deshalb ist die Verbindung dieses Angebotes mit den jeweiligen Lebenswelten so zentral und dürfte die Akzeptanz sowohl von Assistenzsystemen als auch vom autonomen Fahren selbst bestimmen.

Mobilität ist dabei mehr als Individualverkehr, wie Minx und Waschke argumentieren: „Mobilität bedeutet vielmehr Interaktion. Gesellschaftliche Interaktion, die auch in Zukunft durch das Automobil befriedigt werden wird." Der technische Fortschritt könne dabei zur Brücke zwischen Mobilität und Nachhaltigkeit werden.

Zusammenfassung

Zwar haben viele Menschen bereits vom autonomen Fahren gehört. Auch wird das Thema in den Medien immer häufiger diskutiert. Tatsächlich in Berührung mit einem Fahrcomputer sind aber nur wenige gekommen. Deshalb empfehlen die Wissenschaftler, sich bei der künftigen Forschung noch stärker an unterschiedlichen Nutzer- und Anwenderszenarien zu orientieren.

Bei Umfragen und tiefer gehenden Befragungen könnten dabei auch Videos eingesetzt werden, weil dies eine weitere Dimension für die Beurteilung des autonomen Fahrens bieten würde. Da es inzwischen eine Vielzahl von längeren Fahrten von autonomen Autos und sogar Lastkraftwagen gibt, dürfte die Auswahl des Videomaterials kein Problem sein.

Eine absolut zentrale Rolle kommt der offenen Risikodiskussion der neuen Technologie in der Öffentlichkeit zu: Chancen, aber auch Probleme des autonomen Fahrens müssen in allen gesellschaftlich relevanten Gruppierungen ausführlich besprochen werden.

Der vorliegende Band bietet eine Grundlage für diese breite gesellschaftliche Debatte. Sie ist deshalb so wichtig, weil es ganz unausweichlich bei einer neuen Technologie zu negativen Begleiterscheinungen wie unvorhergesehenen schweren Unfällen oder technischen Ausfällen kommen wird. Wenn darüber aber bereits im Vorfeld diskutiert wird, kann möglicherweise vermieden werden, dass dies medial skandalisiert und die weitere Einführung der Technologie in Gefahr gebracht wird.

Sehr wahrscheinlich wird das autonome Fahren nicht Knall auf Fall, sondern nach und nach eingeführt. Dies ermöglicht ebenfalls eine begleitende und umfassende Diskussion der noch zu lösenden Fragen. Sie sind zahlreich: Sie beginnen mit den ethischen Entscheidungen, die die Gesellschaft in Konfliktsituationen wie Unfällen treffen muss und die von den Programmierern dann umgesetzt werden müssen. Wenn Bremsen im Unfallszenario nicht mehr möglich ist, wie soll der Fahrroboter dann reagieren, wen soll er schützen? Das Kind oder die alte Dame auf dem Gehweg? Oder die Autoinsassen?

Antworten auf diese Fragen sind möglich und wurden in diesem Band ausführlich besprochen wie beispielsweise eine Anpassung der Asimov-Gesetze. Sie müssen nun breit diskutiert werden, damit wir alle als Gesellschaft die für uns passenden Lösungen finden können.

Denn die Mobilitätsversprechen des autonomen Fahrens sind zu verlockend, als dass wir diese Technologie nicht schnellstens vorantreiben sollten: Behinderte und ältere Menschen könnten wieder Zugang zu Mobilität bekommen. Pendler könnten von Fahraufgaben entlastet werden und Zeit für andere Tätigkeiten gewinnen.

Es ist sehr wahrscheinlich, dass eine Vielzahl neuer Mobilitätsangebote entwickelt wird. Sie werden neben dem Besitz von Autos auch den Zugang zu Mobilität in verschiedenster Form beinhalten. Damit werden die Wahlmöglichkeiten der Nutzer erhöht, neue Märkte entstehen.

Vorangetrieben werden diese Innovationen sicher in den großen Ballungszentren dieser Welt – dort, wo der Verkehr heute schon ein zunehmendes Problem darstellt. Denn autonomes Fahren birgt in seiner Endstufe auch die Möglichkeit, die Zahl der Fahrzeuge zu verringern und den Verkehr zu optimieren.

Das macht eine Umgestaltung der Innenstädte zumindest möglich: Fahrroboter können dicht auf dicht fahren und ständig im Einsatz sein statt 95 Prozent der Zeit wie heute geparkt stehen. Damit könnten Parkplätze zu Grünflächen werden und aus sechsspurigen Straßen solche mit nur vier oder gar zwei Spuren werden.

Dies alles ist Zukunftsmusik und muss doch schon heute bedacht und vielleicht sogar geplant werden. Das jedenfalls fordern Stadtplaner, die gewohnt sind, in Dekaden statt in Jahren zu denken. Denn es kann auch zu ganz anderen Szenarien kommen – eben weil Mobilität mit dem Fahrroboter so anders ist und beim Fahren künftig auch eine Vielzahl anderer Aktivitäten wie Filme schauen oder arbeiten möglich wird. Pendeln wird dann vielleicht seinen Schrecken verlieren, der Trend zur Vorstadt und zur weiteren Zersiedelung der Städte wieder zunehmen.

Zuvor allerdings gilt es, eine Vielzahl technischer Fragen zu lösen. Zwar fahren Prototypen von Fahrrobotern schon heute auf Straßen, doch bis zur Masseneinführung der Technologie wird es nach Schätzung der meisten Experten noch Jahre, eventuell sogar Jahrzehnte dauern.

Die Szenarien dazu sind unterschiedlich. Ein starker Impuls könnte von den so genannten Wirtschaftsverkehren ausgehen, wo autonomes Fahren Effizienzgewinne verspricht. Andere erwarten den Markteintritt von Technologiekonzernen, denen es nicht so sehr um den Verkauf von Autos als um die Bereitstellung von Internetdienstleistungen geht.

Klar ist, dass sowohl in der Automobilbranche als auch bei Technologieunternehmen das autonome Fahren höchste Priorität hat. Die damit aufgeworfenen Fragen, Problematiken und Lösungsansätze werden in diesem Band grundlegend behandelt. Sehr viele Forschungsfelder, von der Ethik über Datenschutz, Haftungsfragen, Logistik, Technologie bis zur Stadtplanung, sind davon betroffen.

Schon allein deshalb ist der Weg zum autonomen Fahren ein außerordentlich faszinierender – und notwendigerweise ein multidisziplinärer. Die Aufgabe der Daimler und Benz Stiftung ist es, neue gesellschaftliche Herausforderungen und technologische Entwicklungen zu erkennen und diese zum frühestmöglichen Zeitpunkt einer wissenschaftlichen Untersuchung zu eröffnen. Außerdem, und hierauf legen wir – Eckard Minx und Rainer Dietrich – als Stiftungsvorstände und Initiatoren dieses Buches ebenfalls größten Wert, möchten wir die gewonnenen Erkenntnisse der Öffentlichkeit in nachvollziehbarer Weise zugänglich machen und so einen informierten Diskurs zwischen Forschern, Politikern und sämtlichen Teilnehmern am Verkehr der Zukunft anregen.

ANMERKUNGEN

VORWORT
01. http://www.tagesschau.de/wirtschaft/google-auto-105.html, Stand 12.05.2015, Zugriff am 01.06.2015
02. Cyganski, Rita; Autonome Fahrzeuge und autonomes Fahren aus Sicht der Nachfragemodellierung, in: Autonomes Fahren, Maurer, Markus; Gerdes, Christian J.; Lenz, Barbara; Winner, Hermann (Hrsg.), Springer Vieweg, Heidelberg, 2015.
03. http://www.automobilwoche.de/article/20150323/AGENTURMELDUNGEN/303239995/autos-als-unfallverursacher#.VR1exFqposo, Zugriff am 02.04.2015
04. http://www.theglobeandmail.com/technology/tech-news/driverless-cars-could-be-in-market-within-five-years-google-director-at-ted/article23511420/, Zugriff am 04.04.2015
05. http://www.welt.de/wirtschaft/article128506530/Google-kann-in-zehn-Jahren-zur-Auto-Macht-werden.html, Zugriff am 01.06.2015

KAPITEL I
06. Lin, Patrick: Why Ethics Matters for Autonomous Cars, in: Autonomes Fahren, Maurer, Markus; Gerdes, Christian J.; Lenz, Barbara; Winner, Hermann (Hrsg.), Springer Vieweg, Heidelberg, 2015. Alle Übersetzungen aus dem Englischen von Margaret Heckel, soweit nicht im Buch bereits übersetzt.
07. Schipper, Lena: Wen tötet das Roboter-Auto?, in Frankfurter Allgemeine Sonntagszeitung (FAS), vom 01.02.2015, Seite 15.
08. http://www.wiwo.de/technologie/digitale-welt/serie-wirtschaftswelten-2025-werden-uns-roboter-toeten/11300144.html, Zugriff am 18.03.2015
09. siehe Schipper, Lena (s. Anm. 7).
10. siehe Schipper, Lena (s. Anm. 7).
11. http://www.outerplaces.com/science/item/5547-three-ethical-problems-with-driverless-cars, Zugriff am 19.03.2015
12. Gerdes, Christian J.; Thornton, Sarah M., Implementable Ethics for Autonomous Vehicles, in: Autonomes Fahren, Maurer, Markus; Gerdes, Christian J.; Lenz, Barbara; Winner, Hermann (Hrsg.), Springer Vieweg, Heidelberg, 2015.
13. http://www.outerplaces.com/science/item/5547-three-ethical-problems-with-driverless-cars, Zugriff am 19.03.2015
14. http://de.wikipedia.org/wiki/Autopilot, Zugriff am 19.03.2015
15. http://www.spiegel.de/panorama/luft-hansa-airbus-computerpanne-schickte-maschine-in-den-sturzflug-a-1024652.html, Zugriff am 21.03.2015
16. http://www.inventivio.com/innovationbriefs/2013-09/Supervised-Autonomous-Driving-Harmful.2013-09.pdf
17. Kröger, Fabian: Das automatisierte Fahren im gesellschafts- und kulturwissenschaftlichen Kontext, in: Autonomes Fahren, Maurer, Markus; Gerdes, Christian J.; Lenz, Barbara; Winner, Hermann (Hrsg.), Springer Vieweg, Heidelberg, 2015.
18. Maurer, Markus; Einleitung, in: Autonomes Fahren, Maurer, Markus; Gerdes, Christian J.; Lenz, Barbara; Winner, Hermann (Hrsg.), Springer Vieweg, Heidelberg, 2015.
19. http://www.zeit.de/1960/36/was-der-dollar-wert-ist, Zugriff am 21.03.2015
20. Studie von Waytz, Heafner, Epley, 2014, zitiert in Kröger (s. Anm. 17).

KAPITEL II
21. http://www.zeit.de/kultur/2015-02/selbstfahrende-autos-google-car-apple, Zugriff am 04.04.2015
22. http://www.autogazette.de/bmw/diess/autonom/bmw-hat-andere-vision-zum-autonomen-fahren-484354.html, Zugriff am 02.04.2015
23. http://www.ingenieur.de/Themen/Messen/Autonomes-Fahren-Audi-Cockpit-baut-waehrend-Fahrt-automatisch-um, Zugriff am 02.04.2015
24. Beiker, Sven A., Einführungsszenarien für höhergradig automatisierte Straßenfahrzeuge, in: Autonomes Fahren, Maurer, Markus; Gerdes, Christian J.; Lenz, Barbara; Winner, Hermann (Hrsg.), Springer Vieweg, Heidelberg, 2015.
25. http://www.tagesschau.de/wirtschaft/google-auto-105.html, Stand 12.05.2015, Zugriff am 01.06.2015
26. http://www.spiegel.de/auto/aktuell/google-auto-unterwegs-im-selbstfahrenden-auto-a-969532.html, Zugriff am 04.04.2015

27. Lenz, B.; Fraedrich, E.; Neue Mobilitätskonzepte und autonomes Fahren: Potenziale der Veränderung, in: Autonomes Fahren, Maurer, Markus; Gerdes, Christian J.; Lenz, Barbara; Winner, Hermann (Hrsg.), Springer Vieweg, Heidelberg, 2015.
28. http://www.focus.de/auto/ratgeber/kosten/autonetzer-und-nachbarschaftsauto-in-jeder-strasse-ein-nachbarschaftsauto-mega-fusion-in-der-carsharing-branche_id_4161501.html, Zugriff am 05.04.2015
29. http://www.kba.de/DE/Statistik/Fahrzeuge/Bestand/bestand_node.html, Zugriff am 05.04.2015
30. http://www.welt.de/motor/article138633443/Die-hellsehende-Carsharing-App.html, Zugriff am 05.04.2015
31. http://de.wikipedia.org/wiki/Multimodaler_Verkehr, Zugriff am 05.04.2015
32. Beikert, Sven A.; Implementierung eines selbstfahrenden und individuell abrufbaren Personentransportsystems, in: Autonomes Fahren, Maurer, Markus; Gerdes, Christian J.; Lenz, Barbara; Winner, Hermann (Hrsg.), Springer Vieweg, Heidelberg, 2015.
33. https://ts.catapult.org.uk/-/transport-systems-catapult-to-unveil-uk-s-first-driverless-pod, Zugriff am 08.04.2015
34. http://www.telegraph.co.uk/finance/businessclub/technology/11403306/This-is-the-Lutz-pod-the-UKs-first-driverless-car.html, Zugriff am 08.04.2015
35. http://www.zeit.de/mobilitaet/2015-01/ces-autonomes-fahren-gesetze/komplettansicht, Zugriff am 09.04.2015
36. Schreurs, Miranda A.; Steuwer, Sibyl D.; Autonomous Driving – Political, Legal, Social, and Sustainability Dimensions; in: Autonomes Fahren, Maurer, Markus; Gerdes, Christian J.; Lenz, Barbara; Winner, Hermann (Hrsg.), Springer Vieweg, Heidelberg, 2015.
37. http://www.spiegel.de/auto/aktuell/mobile-world-congress-1000-vernetzte-volvo-a-1021578.html, Zugriff am 09.04.2015

KAPITEL III

38. Heinrichs, Dirk; Autonomes Fahren und Stadtstruktur; in: Autonomes Fahren, Maurer, Markus; Gerdes, Christian J.; Lenz, Barbara; Winner, Hermann (Hrsg.), Springer Vieweg, Heidelberg, 2015.
39. http://www.rp-online.de/nrw/staedte/moenchengladbach/scheidt-bachmann-fuettert-den-parkroboter-aid-1.4403751, Zugriff am 23.04.2015
40. https://www.audi-mediaservices.com/publish/ms/content/de/public/pressemitteilungen/2015/03/06/audi-werk_bewegt_autos.html, Zugriff am 23.04.2015
41. https://www.youtube.com/watch?v=rYs-WXDqd7Q0, Zugriff am 23.04.2015
42. https://youtu.be/CmAfSenYlp0, Zugriff am 23.04.2015
43. https://youtu.be/iShxQsbgTjw, Zugriff am 23.04.2015
44. http://www.spiegel.de/auto/aktuell/autonomes-fahren-chance-fuer-die-stadt-a-997393.html, Zugriff am 25.04.2015
45. Friedrich, Bernhard; Verkehrliche Wirkung autonomer Fahrzeuge, in: Autonomes Fahren, Maurer, Markus; Gerdes, Christian J.; Lenz, Barbara; Winner, Hermann (Hrsg.), Springer Vieweg, Heidelberg, 2015.
46. Flämig, Heike; Autonome Fahrzeuge und autonomes Fahren im Bereich des Gütertransportes, in: Autonomes Fahren, Maurer, Markus; Gerdes, Christian J.; Lenz, Barbara; Winner, Hermann (Hrsg.), Springer Vieweg, Heidelberg, 2015.
47. http://de.wikipedia.org/wiki/RUBIN, Zugriff am 27.04.2015
48. http://www.siemens.com/content/dam/internet/siemens-com/innovation/pictures-of-the-future/pof-archive/pof-fruehjahr-2008.pdf, Zugriff am 27.04.2015
49. http://www.heute.de/gdl-streik-zuege-koennen-laengst-auch-ohne-lokfuehrer-fahren-35790584.html, Zugriff am 27.04.2015
50. http://www.zukunft-mobilitaet.net/86644/designstudie/new-tube-for-london-die-aelteste-u-bahn-der-welt-wird-fit-fuer-die-zukunft-gemacht/, Zugriff am 27.04.2015
51. Pavone, Marco; Autonomous Mobility-on-Demand Systems für Future Urban Mobility; in: Autonomes Fahren, Maurer, Markus; Gerdes, Christian J.; Lenz, Barbara; Winner, Hermann (Hrsg.), Springer Vieweg, Heidelberg, 2015.

52. Winner, Hermann; Wachenfeld, Walther; Auswirkungen des autonomen Fahrens auf das Fahrzeugkonzept; in: Autonomes Fahren, Maurer, Markus; Gerdes, Christian J.; Lenz, Barbara; Winner, Hermann (Hrsg.), Springer Vieweg, Heidelberg, 2015.
53. http://www.autobild.de/artikel/merce-des-f-015-concept-fahrbericht-5521803.html, Zugriff am 27.04.2015
54. http://www.faz.net/aktuell/technik-motor/auto-verkehr/forschungsauto-mercedes-f015-zehn-macbooks-und-kein-lenkrad-13501641-p2.html, Zugriff am 27.04.2015
55. https://www.audi-mediaservices.com/publish/ms/content/de/public/presse-mitteilungen/2015/04/10/bundesver-kehrsminister.html, Zugriff am 27.04.2015
56. http://www.wired.com/2015/04/delphi-autonomous-car-cross-country/, Zugriff am 27.04.2015

KAPITEL IV

57. Dietmayer, Klaus; Prädiktion von maschineller Wahrnehmungsleistung beim automatisierten Fahren, in: Autonomes Fahren, Maurer, Markus; Gerdes, Christian J.; Lenz, Barbara; Winner, Hermann (Hrsg.), Springer Vieweg, Heidelberg, 2015.
58. Auf dem Highway sind die Hände weg, in: FAZ vom 12.05.2015, Technik und Motor
59. http://www.spiegel.de/auto/aktuell/daimler-testet-selbstfahrenden-lkw-im-verkehr-a-1032425.html, Zugriff am 12.05.2015
60. http://www.welt.de/motor/article140809315/Google-raeumt-elf-Unfa-elle-mit-fahrerlosen-Autos-ein.html, Zugriff am 12.05.2015
61. http://www.wired.com/2015/04/delphi-autonomous-car-cross-country/, Zugriff am 12.05.2015
62. http://delphi.com/delphi-drive, Zugriff am 12.05.2015
63. https://www.youtube.com/watch?-list=PLxXAMDvDNKpH3MTvhuj8pMCXQB-D67UyvT&v=LLY_c_ELgaY#t=208, Zugriff am 12.05.2015
64. http://www.whatsabyte.com, Zugriff am 12.05.2015
65. Rannenberg, Kai; Erhebung und Nutzbarmachung zusätzlicher Daten – Möglichkeiten und Risiken, in: Autonomes Fahren, Maurer, Markus; Gerdes, Christian J.; Lenz, Barbara; Winner, Hermann (Hrsg.), Springer Vieweg, Heidelberg, 2015.
66. http://www.spiegel.de/auto/aktuell/ecall-so-funktioniert-das-auto-not-rufsystem-a-1031026.html, Zugriff am 13.05.2015
67. Wu, Stephen S., Product Liability Issues in the U.S. and Associated Risk Management, in: Autonomes Fahren, Maurer, Markus; Gerdes, Christian J.; Lenz, Barbara; Winner, Hermann (Hrsg.), Springer Vieweg, Heidelberg, 2015.
68. Winkle, Thomas, Entwicklungs- und Freigabeprozesse automatisierter Fahrzeuge: Berücksichtigung technischer, rechtlicher und ökonomischer Risiken, in: Autonomes Fahren, Maurer, Markus; Gerdes, Christian J.; Lenz, Barbara; Winner, Hermann (Hrsg.), Springer Vieweg, Heidelberg, 2015.
69. Wachenfeld, Walther, Winner, Hermann; Die Freigabe des autonomen Fahrens, in: Autonomes Fahren, Maurer, Markus; Gerdes, Christian J.; Lenz, Barbara; Winner, Hermann (Hrsg.), Springer Vieweg, Heidelberg, 2015.
70. ebd.
71. Reschka, Andreas; Sicherheitskonzept für autonome Fahrzeuge, in: Autonomes Fahren, Maurer, Markus; Gerdes, Christian J.; Lenz, Barbara; Winner, Hermann (Hrsg.), Springer Vieweg, Heidelberg, 2015.

KAPITEL V

72. http://www.nytimes.com/2014/11/09/automobiles/in-self-driving-cars-a-potential-lifeline-for-the-disabled.html?_r=0, Zugriff am 12.07.2015
73. http://www.bloomberg.com/news/articles/2013-10-20/elderly-dying-in-crashes-seen-spurring-self-driving-car-demand, Zugriff am 12.07.2015
74. ebd.
75. http://50plus.expert/studie-fahrassis-tenzsysteme-fuer-aeltere-autofahrer.html, Zugriff am 12.07.2015
76. Minx, Eckard, Waschke, Thomas; Mobilität und Autoindustrie. Was kann die Zukunft bringen?, Discussion paper für die National Bank.
77. http://www.wsj.com/articles/why-self-driving-cars-will-chan-ge-retirement-1413147945, Zugriff am 12.07.2015

78. http://www.brandeins.de/archiv/2015/fuehrung/faehrt-die-jugend-wirklich-nicht-mehr-auf-autos-ab/, Zugriff am 13.07.2015
79. http://carsharing.de/images/stories/pdf_dateien/ifmo_studie_mobilitaet_junger_menschen_im_wandel_111020.pdf, Zugriff am 15.07.2015
80. Fraedrich, Eva; Lenz, Barbara; Vom (Mit-)Fahren: autonomes Fahren und Autonutzung, in: Autonomes Fahren, Maurer, Markus; Gerdes, Christian J.; Lenz, Barbara; Winner, Hermann (Hrsg.), Springer Vieweg, Heidelberg, 2015.
81. Woisetschläger, David M.; Marktauswirkungen des automatisierten Fahrens, in: Autonomes Fahren, Maurer, Markus; Gerdes, Christian J.; Lenz, Barbara; Winner, Hermann (Hrsg.), Springer Vieweg, Heidelberg, 2015.
82. Grunwald, Arnim; Gesellschaftliche Risikokonstellation für autonomes Fahren – Analyse, Einordnung, Bewertung, in: Autonomes Fahren, Maurer, Markus; Gerdes, Christian J.; Lenz, Barbara; Winner, Hermann (Hrsg.), Springer Vieweg, Heidelberg, 2015.
83. Renn, Ortwin; Technikakzeptanz: Lehren und Rückschlüsse der Akzeptanzforschung für die Bewältigung des technischen Wandels; in: Technikfolgenabschätzung – Theorie und Praxis Nr. 3, 14. Jg., Dezember 2005; Online unter: https://www.tatup-journal.de/tatup053_renn05a.php, Zugriff am 25.06.2015
84. http://www.bmas.de/SharedDocs/Downloads/DE/PDF-Publikationen-DinA4/gruenbuch-arbeiten-vier-null.pdf?__blob=publicationFile, Zugriff am 14.06.2015
85. Vortrag auf der Jahrestagung 2015 der Personalvorstände der deutschen Assekuranz in Baden-Baden
86. Fraedrich, Eva; Lenz, Barbara; Gesellschaftliche und individuelle Akzeptanz des autonomen Fahrens, in: Autonomes Fahren, Maurer, Markus; Gerdes, Christian J.; Lenz, Barbara; Winner, Hermann (Hrsg.), Springer Vieweg, Heidelberg, 2015.
87. http://www.spiegel.de/auto/aktuell/mobilitaet-der-zukunft-deutsche-sind-offen-fuer-autonomes-fahren-a-920081.html, Zugriff am 18.05.2015
88. Pressemitteilung des Unternehmens vom 25.09.2014
89. http://www.welt.de/motor/news/article138743651/Umfrage-Autonomes-Fahren.html, Zugriff am 18.05.2015
90. Minx, Eckard; Waschke, Thomas; Mobilität und Autoindustrie. Was kann die Zukunft bringen?, Discussion paper für die National Bank.

BILDNACHWEISE

Cover: Daimler AG; S. 32: interTOPICS/Snap Photo/ddp; S. 39: o. V., The Daily Ardmoreite, 12. August 1921, S. 5; S. 42: Murtfeldt, E.W., Highways of the future, Popular Science, 132/5, S. 27–29 und 118–119, 1938; S. 44: Mann, M., The car that drives itself, Popular Science, 172/5, S. 76, 1958; S. 45: Rowsome Jr., F., What it's like to drive an auto-pilot car, Popular Science, 172/4, S. 105–107, 248, 250, 1958; S. 46: Americas Independent Electric Light and Power Companies, Anzeige, LIFE Magazine, Vol. 40, Nr. 5, 30. Januar 1956, S. 8; S. 54: Kobal / FOTOFINDER.COM; S. 55: Ein Käfer auf Extratour, picture alliance / United Archives / IFTN; Das fünfte Element, ipol / picture-alliance / dpa; Minority Report, Tom Cruise, 20th Century Fox / DreamWorks Photo by David James, interTOPICS / mptv; S. 77: Navya Technology; S. 119: Audi AG; Google; Daimler AG

Bildredaktion: Sebastian Müller
Infografik: Stefan Fichtel, ixtract (S.90-91); Markus Kluger, Erfurth Kluger Infografik (Sonstige)
Lektorat: Reiner Klähn
Herstellung: Olaf Hopf